ほんとうの「おいしい」を知っていますか？

安井 美沙子 著

英治出版

都会の典型的な食生活とは、どんなものでしょうか？
普段、平気でコンビニおにぎりを食べている人が、
いったんワインの蘊蓄《うんちく》をしゃべり出したら止まらない……。
こうした食に対するちぐはぐな感覚が、「食」流通に影響を及ぼし、
知らず知らずのうちに「悪魔のサイクル」が加速していくのです。

はじめに

最近、「食」に関する本や雑誌の記事がよく目につきます。なかでも食の安全に関連する内容が多いのは、それだけ人々の食に対する不安が高まっている証左に違いありません。

実際、こうして書いているあいだに、不二家の不祥事が報道されました。期限切れ材料の使用などが判明したというものです。雪印集団食中毒事件から約七年、あのときの教訓は食品業界全体に生かされなかったのでしょうか。トップブランドであっても、一度、消費者の信頼を失ってしまえば終わり、という厳しい現実を見て、食品メーカーはどこも気持ちを引き締めたものと淡い期待を抱いていたのですが、ものの見事に裏切られました。今回の事件も氷山の一角に過ぎないと思ったほうがよさそうです。

懲りないという点では、実は消費者のほうも似たり寄ったりで、喉元過ぎれば熱さを忘れてしまう傾向があります。ＢＳＥ（牛海綿状脳症）が初めて騒ぎになったときは、さすがに焼肉店の客足がしばらく遠のいたそうですが、それも長くは続きませんでした。また、食品メーカーの産地偽装事件にあきれたり、食品添加物の実態を暴いた本を読んで食品の裏の姿に愕然《がくぜん》としても、実際に食生活を変える人は多くありません。

ある友人は、BSE事件のあと、全国の牛乳メーカーに電話をして、乳牛の飼料に牛骨粉を混ぜていないかどうかを確認したうえで、混ぜていないと明確に回答したメーカーからわざわざ牛乳をとり寄せています。そして今では、牛乳だけでなく日常食のほとんどを、自分が納得できる生産者からとり寄せているそうです。しかしこういう人はごくごく例外的で、普通の人は騒ぎが静まればそれまでどおりの食生活に戻るだけです。

それでは、都会の典型的な食生活とはどんなものでしょう。朝の通勤ラッシュ時のオフィス街のコンビニを見たことがあるでしょうか。朝ごはんを調達する若い男女が、調理パンやおにぎり、ヨーグルト、ペットボトルの飲料を持って、レジ前に長い行列をつくっています。あきらかに、家で朝ごはんを食べてこないのです。私などは、朝ごはんをしっかり食べないとエンジンがかからないほうなので、この毎朝毎朝の光景には驚くばかりです。朝こそ、新鮮なもの、作りたてのもの、そして手作りのものを口にしたいと思わないかと不思議でなりません。

そうは言っても大人は時間的、経済的、栄養学的なバランスを各自で図っているわけですから、自己責任と言われればそれまでです。

しかし、子どもたちとなると話は違います。今の子どもたちの食生活を見ていると、将来まともな心と体を保てるのだろうかと心配でなりません。朝食を食べないで登校する子どもは今や全国で四%にのぼるといいますが、食べている場合でもその中身はかなりお粗末なようです。

家庭のなかの個食化もますます進んでいると言われます。共働きで忙しいなどの理由で、母親が朝起きられないので、買い置きしてある菓子パンを一人で食べて学校に行くなんてことも珍しくないようです。

また、小学生が夜九時に塾のカバンを背負ってファーストフード店で食べていたり、中・高生が下校時にコンビニ前の路上でおにぎりやカップ麺を食べている光景をよく目にします。成長期の子どもが常習的にこういうものを食べていて大丈夫なのだろうかと、改めて考えてしまいます。

都会ではこのような光景が日常茶飯事で、いかにも食が軽んじられていると思いきや、一方ではグルメブームが長く続いているのは極めて不思議なことです。テレビをつければ年がら年中、食情報が流れています。「とっておきの店」の「とっておきのメニュー」に感激しては大騒ぎするタレントの姿はすっかりおなじみとなりました。書店でも「食べ歩き」や「旨い店」関連の雑誌の種類は増える一方のようです。ネットによるレストラン情報も充実し、話題の店にはすぐに行列ができます。「おとり寄せ」ブームも続いています。

グルメブーム自体はとても楽しいですし、食に対してエネルギッシュなことは決して悪いことではありません。何かとネガティブな話題の多い日本ですが、美味しいものを食べることに情熱を傾けられるのは、国も国民も元気な証拠と言えるのかもしれません。

一九八五年頃から十年近く続いた料理番組に「料理の鉄人」というのがあったのはご記憶に新しいことでしょう。海外でも放映されるほどの超人気番組となりましたし、「鉄人」という言葉自体もすっかり定着、あのときの鉄人は今でも活躍しています。

番組は和食、中華、イタリアン、フレンチなどの一流シェフが、決められたテーマ食材を使って毎回腕を競い合い、審査員の食味評価で勝者が決まるというものです。プロの食の世界をエンターテイメントとして一般に紹介したという、当時としては画期的な企画で社会現象にまでなりました。番組の影響でシェフの仕事に憧れ、実際に料理の道を目指すことにした人も多いと聞きます。調理の仕事は、昔はどちらかというと地味で、キツイ・キタナイ・キケンの3K職場というイメージすらありました。それが今やメディアに引っ張りだこの、派手でカッコイイ職業にすっかり格上げされています。

この番組のもう一つの功績は、それまで一般になじみのなかった高級食材をお茶の間に次々と紹介したことです。トリュフ、フォアグラ、キャビアといった三大珍味をはじめ、フカヒレやツバメの巣などの高級食材をふんだんに使い、盛り付けの際に金粉でデコレーションしたり、バーナーで料理の表面に焦げ目をつけたりするのが劇的で、誰もが画面に釘づけになりました。しかし、何度も観ているうちに、最初はもの珍しかったはずの高級食材が、いつの間にか特別でも何でもなくなっていったのです。今では、それらの高級食材が街中のごく普通のレストランでも気軽に使われるようになりました。たとえばトリュフなどは、千五百円程度のランチにも使われていることがあって驚いてしまいます。

ところで、朝はコンビニおにぎりを食べる人が、夜にはワインの蘊蓄《うんちく》を語り、トリュフをありがたがって食べることが私には不思議に思えてなりません。しかし私の見るかぎり、そういう人は都会にいくらでもいます。いや、もしかしたら、それが普通なのかもしれません。

特に、独身の男女であれば、朝はコンビニ、昼は社食かテイクアウト弁当か、近くの定食屋、夜はレストランか居酒屋で楽しみながら、といったパターンが定着しているのではないでしょうか。要は食べることは、簡単にすませるか、エンターテイメントのどちらかでしかないのです。こんなことを言うと、

「都会人は忙しいのだ。簡単にすませるときと、時間もお金もかけるときとのメリハリをつけているだけだ。普段は簡単にすませて、楽しむときは思いっきり楽しむ。いったい何が悪いんだ！」という声が聞こえてきそうです。

もちろん、何を食べようと個人の勝手なのですが、ここには個人の勝手ではすまされない、食流通システム全体を決定づけるカラクリが潜んでいるのです。

都会ではさすがに自給自足は難しいとしても、普段から自分で材料を吟味し、体のことを考えたり、自分の好みに合った調理をしていれば、外食する場合も、お弁当を買う場合も、材料や作るプロセスが気になって当然です。ところが、毎日毎日、朝から晩まで、食

をアウトソーシング（外注化）していたらどうでしょうか。誰がどんなふうに作ったかわからないものを食べることに慣れていき、いつしか感覚が麻痺して、何でも受けつけるようになっていくことが容易に想像できます。

そんな都会人にとって実のところ、コンビニおにぎりも、グルメレストランでのディナーも、バーチャルな点では大差がないのです。だからコンビニ弁当でもファーストフードでも許容できるというわけです。

一見グルメな人が増えているなかで、相変わらず質の悪い食品が出回ったり、食品メーカーが粗相を繰り返す理由はここにあります。都会人が「ノー」と言わずに何でも食べるからです。

食流通の善し悪しを決めるのは消費者です。消費者が食に関してルーズであれば、食を供給する側もそれに合わせていい加減になっていきます。逆に、消費者がホンモノしか受けつけず、質の悪いものに「ノー」と言えば、そういうものは自然と淘汰されていくのです。

この本では、この食流通のカラクリをわかりやすく解説します。一人ひとりの食生活が食流通全体に与える影響度を知ることによって、食生活を少しでも見直してみてはどうでしょうか。その結果、食流通システムが改善し、ひいては将来の子どもたちの食生活の向上につながるのであれば自分だけの問題ではないのですから。

　これまで食について語ることが許されたのは、栄養や料理の専門家か、食品関係の業界人が中心でした。残念ながら私はそのどちらでもありません。しかし、経営コンサルタントとして、食品メーカーや地方自治体のお手伝いをしたり、食関係の新規事業を企画立案した経験から、少しばかり土地勘が働くことは確かです。

　一方で私は母親でもあり、育ち盛りの男の子を二人抱えています。一日は中学生のドカ弁と朝食作りの格闘に始まり、毎晩の献立にも頭を悩ませています。食は私にとって無味乾燥な分析対象ではなく、日々の生活そのものです。限られた家計と時間のなかで、いかに栄養があって美味しく楽しい食事をさせられるかを悩み、一喜一憂する日々を送っています。

　というわけで、この本はあくまで一生活者としての視点で、生活者に直接メッセージを届けたいという思いで書いていますが、コンサルタントとしての経験知も織りまぜながら、子どもたちの将来を明るいものにするための、現実的な提案をしてみようと思っています。

まずは第一章で、都会の食事情の危機的状況について述べたいと思います。第三章では危機的状況を打破するための提案を、そしてその前の第二章では、提案を理解して頂くための前提として、食流通の現状を解説します。

これはなぜかというと、都会人の食を正常化しようと思っても、掛け声的な精神運動だけではどうにもならないことが明らかだからです。川上から川下までが一貫した姿勢で正常化に向けて取り組まないことには何も変わりません。とはいえ、現実には食業界は細分化されており、それぞれのプレーヤーにはそれぞれの思惑があります。まずはその思惑や最新状況を理解することから始めなければ、実現可能な変革のための打ち手を考えることはできないのです。

拙著を通じて、読者の皆さんが「食」に対する理解を深め、未来を担う子どもたちの食の改善にともに取り組んでくださることを求めてやみません。

目次

第3章

「悪魔のサイクル」から「天使のサイクル」へ

第1章

ほんとうの「おいしい」を知っていますか？

みなさんは、毎日どんなものを食べていますか？　また、家族、なかでもお子さんにどんなものを食べさせていますか？

都会の生活は何しろ目まぐるしいですから、毎食毎食、じっくり選んで、丁寧に用意して、ゆっくり味わうなんてことは不可能ですね。現実にはその場しのぎでそれなりに納得できるものを選ぶのが精一杯でしょう。

とはいえ、せっかくこの本を手にとってくださったのですから、まずはご自分の普段の食生活を振り返ってみることにしましょう。

次にあげた選択肢のなかで、「まさにそうだ！」と思うものがあればチェックマークを入れてみてください。

□ 一日一回は外食する
□ コンビニ弁当やコンビニおにぎりを週に一度は食べる
□ カップ麺を月に一回は食べる
□ 吉野家、マクドナルドなどのファーストフードを月に一度は利用する
□ ファミレスを月に一度は利用する
□ 食事を作る時間があったらほかに回したいというのが本音だ
□ 野菜は丸ごと買うと無駄が出るので、カット野菜を愛用している
□ 冷凍食品のおかずをお弁当や夕食に使うことがある
□ でき合いのお惣菜を夕食の一品に加えることがある

□ ワインやチーズにはちょっとうるさい
□ 日本酒か焼酎でお気に入りの銘柄がある
□ トリュフやフォアグラにはつい惹かれる
□ 話題のレストランにはとりあえず行くことにしている
□ レストランのメニューに素材の産地が明記されていると安心する
□ スーパーで生産者の顔や名前がついていると、少々高くてもそちらを選ぶ
□ 野菜に有機、無農薬と表示があれば、高くてもそちらを選ぶ
□ 牛・豚・鶏は国産の銘柄を買う
□ 食材のおとり寄せをするのが好きだ

これら選択肢のうち、上段・下段それぞれに該当するものが三つ以上あるとしたら、あなたは典型的な都会の食生活を送っていると言えるでしょう。

都会の人は実によく外食をしますし、でき合いのお惣菜やお弁当をよく買います。また家でも冷凍食品やカップ麺などの加工食品をよく使います。冷蔵庫のなかには牛乳、ペットボトルのお茶、納豆、キムチ、卵、ハムや買ってきたお惣菜の残りが入っているだけで、野菜ボックスはほとんど空っぽ、なんてことは珍しくありません。つまり、自分で素材から手作りする機会が激減しているのです。

一方、ワインやチーズに関してはこだわりを持ち、わざわざ高いお金を払って輸入物を買う人も少なくありません。また、友だちを呼んで鍋パーティーをするからと、北海道からわざわざタラバ蟹をとり寄せたり、卵かけご飯のために専用の醤油や一つ三百円もする烏骨鶏《うこっけい》の卵をとり寄せる人もいます。

一番不思議なのは、コンビニおにぎりやマクドナルドのハンバーガーを平気で食べる人が、ワインやチーズに一家言《いっかげん》を持っていたり、フレンチレストランで黒トリュフをわざわざ好んで食べたりする光景が当たり前のように見られることです。

つまり、都会人の食生活において、利便性・コスト志向が強い一方、グルメ・ホンモノ志向も併せ持つという、二極分裂症的な傾向が見られるのです。そして悪いことには、以前に比べて食べ物へのこだわりや蘊蓄《うんちく》が増え、たまにいいものを食べることで、なんだかいい食生活を送っているような錯覚を持つ人が増えているように思えてなりません。

東京・西麻布の交差点近くにセブンイレブンがありますが、最近その隣に、成城石井というスーパーのプレミアム版「成城石井セレクト」がお目見えしました。これぞまさに、今の「都会の食」を如実に顕す光景ではないかと思います。成城石井でフランス産のチーズやイタリアのワインを買って優雅な気分を味わうことを好む人が、セブンイレブンでおにぎりを買ってお昼をすませるなんてことは珍しくありません。こういう人は、グルメと言えるのか、判断の難しいところですが、ふと我に返ると自分も似たような行動をしていないとも限りません。あなた自身は身に覚えがないと言えるでしょうか。

都会の食はエンターテイメント

食は元来、家のなかで日々淡々と営まれる生活そのものだったはずです。ところが今や、そんな言い方をしようものなら時代錯誤も甚《はなは》だしい感じがします。今や食は人々にとってどうでもいいもの、あるいは思いきり楽しむ対象、といった両極端になっていないでしょうか。概して都会人は忙しく、興味があちこちに散漫していますから、食が軽んじられるのも致し方ないのかもしれません。それでいて、いざ食に注目しはじめると、一転してまるでファッションやエンターテイメントのような扱いをしていないでしょうか。

食を思いきり楽しみたいと思えば、その手段はさまざまです。おしゃれなグルメスーパーでのショッピングもいいし、地方からとり寄せでもすれば蘊蓄話で食卓の話題もはずみます。あるいはテレビや雑誌で話題になったレストランに足を運んで、全国各地からシェフが選りすぐった素材を最新のレシピで堪能するのもいいでしょう。

食は今や、命を支えるための日課というよりは、時間的にも金銭的にもその時々の気分しだいで何でもありの状態です。だからコンビニのおにぎりを食べる人がワインの蘊蓄を垂れることもありうるのです。

主婦がごはんを作らなくなった理由

都会化が進めば進むほど、主婦が料理をしなくなるのは世界共通の現象のようです。これについて、女性の有職率が高いからだと決めつけるのはあまりに短絡的と言えましょう。むしろ、都会の生活者には食より優先すべき「大事なこと」がたくさんあるからと言ったほうが当たっているように思えてなりません。

私が子どものころ、つまり三十年ほど前は、食事は家で食べるものと相場が決まっていました。外食はあくまで特別なことで、家族の誰かの誕生日とか、たまの週末のイベントというのが関の山だったでしょうか。マクドナルドが六本木にできたのが物珍しくて、開店早々足を運び、新しい美味しさに感激したのを覚えています。

さて、今の家庭はどうでしょうか？　周囲を見回すと、平日は父親が夕食をいっしょに食べないのをいいことに、母親と子どもだけで簡単にすませ、週末は父親といっしょに家族で外食、というスタイルが定着しているように見受けられます。

では簡単にすませるとは具体的にどういうことかというと、平日は子どものお稽古帰りにささっとファミレスやファーストフードですませたり、デパ地下でお惣菜を買って帰って家で食べる、といったパターンが多いようです。そのまま食べられるおかずを数種類買ってきて温めるだけ。ご飯くらいは炊く人も多いでしょう。衣のついたトンカツやコロッケを買ってきて家で揚げる人もいます。台所をわざわざ汚してでも揚げ立てを食べようという気概がある人はかなりやる気のある方です。

買い物もままならないときのために、台所にはいろいろな便利商品が常備されています。生協の冷凍牛丼パックは、湯煎すればご飯にかけるだけで食べられます。また、レトルトのパスタソースがあればパスタを茹でてからめるだけ。それすら切らしていたら、宅配のピザをはじめ、ありとあらゆるデリバリー体制が整っています。

こんなママたちの多くは予想に反して専業主婦なのです。しかしながら子どもの学校行事やさまざまな雑用、自身のお稽古事やジム、エステなど、みんな結構忙しいのです。特に子どものお稽古ごとの送り迎えは大変な負担です。子どものお稽古は今やどこの家庭でも公認の重要事項ですから、手抜きの免罪符となり得ます。朝には家を出て帰りが夕方五時、六時を回れば、フルタイムの仕事をこなしているのと変わりません。一から手作りで夕食を準備する時間も気持ちの余裕も体力も残っていないのでしょう。

もちろん、仕事の有無や子どもの人数、年齢といった家庭の事情によって程度の差こそあれ、ご紹介したパターンは今どきの都会の主婦にとって当たらずとも遠からずの姿のはずです。いずれにしろ、ごはんを作らなくなった主婦には、「食」よりももっと優先順位の高いことがたくさんあるとおわかりいただけたでしょうか。

「おさんどん」が消えた

「おさんどん」という言葉はいまや死語となってしまった感があります。これは三度三度のめし炊きを主とする台所仕事を指しています。これと対照的なのがいわゆる「男の料理」と呼ばれるものでしょう。

料理を趣味とする男性が何より重視するのは味で、栄養バランスやコストは二の次です。最高の材料を惜し気もなく使い、後先考えずに台所を汚し、思いきり料理の腕をふるうのが特徴です。何を隠そう、うちの夫はこの部類に入りますが、彼の料理を見ていると発想の違いに驚くことが多々あります。

たとえばパスタ料理の場合、作ったパスターソースにジャストミートの分量のパスタを和えなければならないので、たいてい、茹でたペンネなどを余らせます。私だったらあと、五本、十本ペンネを多く入れたって味に変わりはないじゃないかと思うのですが、夫はいっさい聞く耳を持ちません。かくて貧乏性の私は夫に見捨てられたペンネをそっとラップで包んで冷蔵庫にしまい、翌日の息子のお弁当に使うというわけです。それでも悔しいかな、確かに夫の料理のほうが格段に美味しいのは認めざるを得ません。

一方のおさんどん主婦は、冷蔵庫に残った材料を駆使し、旬ものや特売品をうまく使って節約しつつ、同時に家族の栄養バランスを考えて料理をします。そもそも、料理とは、する気になったときだけ気まぐれにやればいいというものではなく、疲れていても、体の具合が悪くても、待ったなしです。

そんなおさんどん主婦が都会で激減しているのは、火を見るより明らかです。食を、生命を維持するための地道な日課と捉える人はもはや少数派ではないでしょうか。

さらに都会には、「楽しむ」＝「楽をする」と考える人がいても誰も責められないような便利な環境が整っています。いったん便利さに味をしめると、不便な状態に戻ることは難しいものです。徒歩圏にはたいていコンビニがありますから、食事を作るのが面倒なときや忙しいときは、おにぎりやお弁当に即座にありつけます。飲食店だっていくらでもあります。電子レンジでチンしたり、熱湯を注ぐだけですぐ食べられるインスタント食品も種類は豊富です。

余談ですが、インスタントのベビーフードが日本であっという間に普及したのは、今の母親がおさんどんをしないからではないでしょうか。手馴《な》れた主婦であれば大人の食事を作る過程で赤ちゃん用の離乳食を作るのはワケないことです。味つけをする前のお味噌汁やお惣菜を一掬《すく》いしておけば、ベビー用に変身させることができるからです。でもそもそも大人用のおかずを作っていなければ、ベビーフードをわざわざ作るのはなるほど面倒なものです。

かつては都会も地方も大差なく、どこの家庭でも多かれ少なかれ「おさんどん」が行われていたはずです。これが衰退しても都会ではなんら支障がないように見えますが、果たして本当にそうでしょうか？

生きた牛と、スーパーの牛肉

ところで、都会の食はどうしてこうも変化してしまったのでしょうか。女性の有職率が高いから「おさんどん」なんてやっていられないのだろう、と結論づけてしまうのは簡単ですが、理由はそれほど単純ではないように思います。

むしろ本当の理由は、都会人に特有のバーチャル感覚にあるのではないかと思うのです。便利で快適な環境に長く住むことによって、自分を取り巻く状況のすべてをコントロールできるという錯覚に陥った都会人が、食においても知らず知らずにリアリティを失ってしまった結果ではないでしょうか。

　店頭の食品を想像してみましょう。肉も魚も野菜も不要な部分はとり除かれたうえで小分けされ、整然とパック詰めで売られています。生鮮品なのにまるで作り物のように小ギレイです。店の棚には形の整った果物がまるで作り物のように整然と並べられています。みかんなどはL・M・Sとサイズ別に分けられて袋詰めにされ、ネジや釘などの規格工業品並に寸分の狂いもありません。食べるのは一個ずつなのだから、別に袋のなかのすべてのサイズが揃っている必要もなさそうだが、といつも不思議に思います。特にイチゴは年々甘味が増して味も形もみごとに安定し、昔のように当たりはずれがないので、自然界のものなのについ、いつも同じ出来を期待するようになりました。そういえばイチゴは一年中ショートケーキの上にのっているし、生鮮果物というよりはお菓子に近い感覚かもしれません。

　さらに調理食品や加工食品に至っては、工場で作られているのですから、今日も明日も明後日もまったく同じ味が期待できます。私が肉じゃがを作れば毎回微妙に味が違いますが、惣菜チェーンの肉じゃがは厳格なレシピどおりに工場で作られている以上、ブレはありません。原料となる自然界の素材にブレがあっても、人工的に調整する方法はいくらでもあるので、惣菜の仕上げには影響しないのです。今や生鮮食品にも同じような画一性を求めてしまう理由の一つかもしれません。

生鮮品がここまで不自然な姿になってしまったのには歴史的な経緯もあります。振り返ってみれば過去半世紀近く、地方は生産地、都会は消費地でありつづけたのです。都会の生活が長くなれば、地方から出てきた人も田舎の感覚を徐々に失ってしまいます。まして都会で生まれ育った子どもたちには、地方で作られている農産物の実態が想像できなくても当然です。

今や都会では、一部のガーデニング愛好家以外は土いじりをする機会がほとんどありません。日常生活では手が汚れる機会すらありません。便利で小ギレイな都会の生活に慣れてしまうと、不便さに耐えられなくなっていきます。そしていつの間にか、都会的なセンスを生鮮品に要求するようになったのです。扱いやすいもの、見た目のいいものを、という都会のニーズを受けて、農協が生産地を指導し、流通業者が対応してきた結果が現状です。今やスーパーの店先では、土がついたままだったり虫食いがあるような葉ものにお目にかかることはまずないですし、曲がったきゅうりも久しく目にしていません。

ところで、日本人の生鮮三品（肉・魚・野菜）の摂取率は軒並み下がっています。クオリティや利便性がこれだけ上がったにもかかわらず、なんとも皮肉な結果です。

データを見てみましょう。最近十四年間で、全食料消費支出のうち生鮮品の支出は四％も落ちています。そしてそのぶん、調理食品と外食が増えています。なかでも魚介類は二十七％減で特に人気がないようです。［図1］

卸売市場関係者の話によると、「扱いが面倒、料理の仕方がわからない、割高である」などの理由で魚が鶏肉や卵にとって代わられているそうです。ほとんどは下処理ずみで売られ、店頭で下ろしてくれるサービスがあっても、都会の主婦にとって魚は面倒というイメージを払拭できないようです。

こうして都会人が手を汚したり煩わしい思いをすることを避けてきた結果、食のリアルな姿、自然な姿がだんだんわからなくなってしまったとしても当然でしょう。そうして食に対する感覚がバーチャルになればなるほど、不自然なもの、つまり人工的なものへの抵抗感が薄れていくのです。

私も決して偉そうなことを言える立場にはありません。根っからの都会っ子ですから、食べ物の原型を見る機会はこれまでほとんどなかったのです。

［図1］　食料消費支出の推移

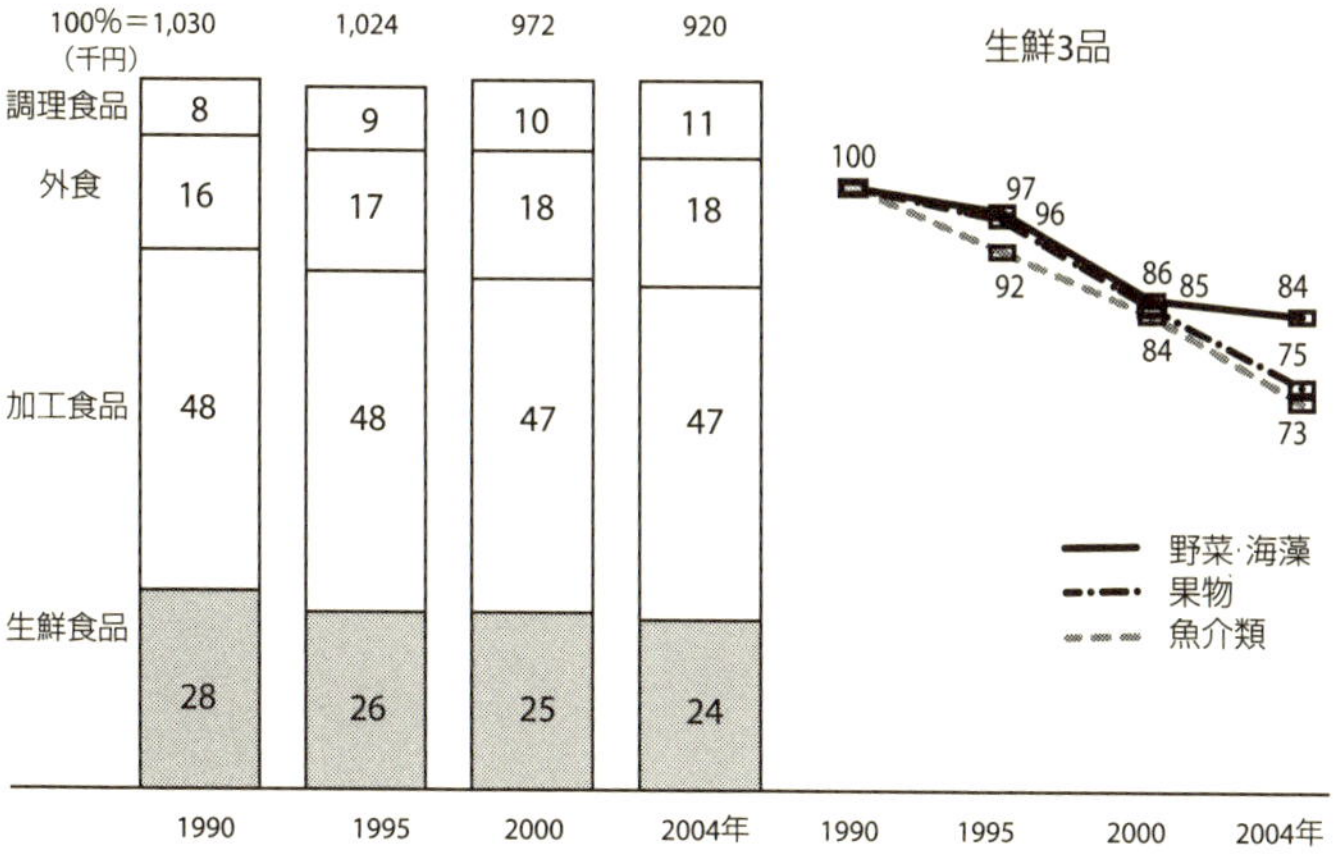

資料：総務省「家計調査年報」

　ところが昨年、仕事上の関係から食肉のと蓄《ちく》場を見学する機会がありました。行く前からかなりの覚悟を決めていたつもりですし、見学中は感情を押し殺して仕事に徹していました。しかし見学後のランチでは、うどんにのったほんのわずかな肉も食べられず、その後一週間、肉好きの私がすっかりベジタリアンになったほどの衝撃を受けました。

　と蓄場に入ると、一列になった牛が鳴きながら通路を進み、シャワーを浴びます。そしてある地点に差しかかったとたん、眉間にスタンガンの一撃をくらい、ドサッと倒れます。間髪を入れずにピッシング（脊髄破壊）という方法でとどめを刺されると即座に頭が切断され、ベルトコンベヤーに乗せられます。これら一連の作業はわずか数分で行われるので、切断された頭部の目玉はまだ動いています。頭のない巨大な胴体部は即座に天井から吊るされます。その後、胴体は吊るされたまま流されていき、機械や人の手作業を経てすばやく処理され、いわゆる枝肉となっていきます。枝肉が吊るされている部屋に行くと、ずいぶん気が楽になったものです。目の前にあるものはすでに見慣れた食材だったからです。

こうしてあっという間に動物が食品へと変わっていきます。牛の何から何まで、それこそ皮と肉のあいだの脂までこそぎ落として集められ、内臓、皮など、それぞれのパーツごとに専門業者が引きとりにきます。つまり、一頭の牛は生肉としてだけでなく、加工食品の材料に、ペットフードや革製品などに化けるのです。

どうもこの日まで、生きた牛と、パックに入ったスーパーの牛肉は私のなかでリアルにつながっていなかったようです。都会育ちの想像力の限界を思い知る体験でした。

買い物に会話はいらない

私は高度成長時代の真っ只中に、東京のど真ん中で育ちました。近所にあった八百屋さん、肉屋さん、鶏肉専門店、米屋さんは皆、ここ三十年のあいだに次々と姿を消していきました。子どものころは母と近所の八百屋に行くのが夕方の日課でした。母はいつも店のおじさん、おばさんに献立の提案をしてもらいながら野菜を選んでいたものです。おじさんもおばさんも地域住民の家族構成や懐《ふところ》具合を自然と把握していて、実にツボを心得た売り方をしていたものだと懐かしくなります。

築地から家の玄関先まで売りにくる魚屋さんもいました。千葉から重いカゴを背負って野菜を売りにくるおばさんもいました。夜になると果物屋さんのトラックが家の前に停まりました。私はトラックのタイヤによじ登って果物の匂いを嗅ぐのを楽しみにしていました。今思えば、果物屋のおじさんはいかにも美味しそうな果物を私から祖母にねだるように仕向けていた気がします。

こんな光景は昔物語となってしまいましたが、売り手と買い手のあいだにはいつも楽しい会話が飛び交っていたものです。ところが今や買い物はスーパーで、と相場が決まっており、当然ながらすべてがセルフサービスですから、パック詰めされた食品を黙々と買い物カゴに入れていくだけです。もっとも「生姜焼き用」とご丁寧に使いみちまで記載された豚肉ロース薄切りのパックなら、会話がなくても問題ありません。

魚は切り身で泳ぐ!?

そんな状況ですから、今の都会の子どもたちには、食品の原型を見る機会はほとんどありません。野菜も肉も魚も、納豆やコーンフレークやカレールーのパックとなんら変わらない食品アイテムだと彼らが捉えたとしても、不思議ではありません。都会では、わずか二〜三十年で食品に対する認識が大きく変わったことが考えられます。

今の子どもたちにとっては、むしろ加工食品のほうがなじみが深いかもしれません。加工食品はただでさえテレビコマーシャルが多いので、うちの子どもたちも食べる機会はなくてもカップ麺の新商品情報などには通じているようです。

以前、「魚、魚、魚〜。魚を食べると〜、頭、頭、頭〜。頭がよくなる〜」という歌がどこのスーパーの鮮魚売り場でも流れていました。子どもたちが面白がってよく口ずさんでいたのを覚えています。

それからほどなくして、今度は「きのこっのこのこ、元気の子、エリンギ、マイタケ、ブナシメジ」という曲が、いかにも二番煎じと言わんばかりに野菜売り場で流れ出しました。どちらも関連企業や組合が販売促進を狙って企画したもので、マインドコントロールという意味ではそれなりに思惑が当たったように思われます。こんな思いきった手でも打たないかぎり、人々を生鮮食品に引き戻す手立てはないのかもしれません。

都会育ちの私から見ても、今の都会の子どもたちには生鮮品に対するリアリティがいっそう欠如しているようです。食卓に並んだおかずを見て、具材の元の姿を思い浮かべられるとは思えないのです。

冗談のような話ですが、魚は切り身で泳いでいるもの、と思っている子どもさえいるそうです。家で魚を下ろすお母さんは今や少数派ですから、まな板や包丁が血だらけになる様子など、見たことのない子が今やほとんどなのでしょう。水族館で見る魚と食べる魚はどうも結びついていないようですから、水族館の水槽を回遊するアジの群れを見て「美味しそう」と口走る不謹慎な私のほうがまだ救いようがあるかもしれません。

都会の幼児教室では「お受験」、すなわち小学校受験の準備の一環として潮干狩《しおひが》りやイチゴ狩り、栗拾いなどに子どもを連れていくように勧められます。そこで、幼稚園の年中クラスにもなるとたんに、有名小学校を目指す親たちは、週末ごとに子どもたちをあちこち連れ回します。そして季節の行事の体験談をイキイキとお話ができるように子どもを訓練するのです。自然とのふれあいや家族のアクティビティを大切にしている家庭かどうかが学校に問われるからです。塾の指導が入るなんて冗談のようですが、本当の話です。そうでもしなければ自然に触れることがない都会の子どもたち、そして若い親たちの姿を象徴する典型的なエピソードと言えるでしょう。

ところで先日、目を疑いたくなるような雑誌の記事に遭遇しました。公立小学校の給食の際に「いただきます」を言わせるべきかどうかという議論でした。事の発端は、「給食費を払っているのは親なのに、なんでいただきますと学校に言わなきゃいけないのか」という意見が保護者から出た、ということでした。記事の論点は、感謝の気持ちは本来自発的なものであるべきで、強制的に言わせるべきものかどうかというところにあったようですが、私にとってはこの一件が議論になること自体が驚きでした。

普段から親が食の意義や神聖さを伝えていれば、言わせる言わせない以前に、子どもの口から「いただきます」が自然に出るのが当たり前です。しかし親自身が食から命をいただいているというリアリティを失っているとしたら、子どもに伝承されることを期待しても所詮無理でしょう。

当然のことながら、子どもたちは自分の力で食を選びとることはできないのですから、子どもの食はすべて親にかかっています。私自身を含め、親世代が食に対するしっかりした哲学を持っていなければ、子どもたちはまともに被害を受けてしまいます。将来を担う子どもたちのために、食を真剣に見直すときが来ています。

第2章

「食」流通の実態をさぐる

都会の食がかなり歪《いびつ》になってしまっていることはおわかり頂けたことと思います。

この状況を何とか打破したいと私は考えています。子どもを持つ母親として、さらには社会を担う一員として。しかし、「まともなものを食べよう！」といくら掛け声をかけたところで状況は変わりません。消費者とは元来、気まぐれなものです。ＢＳＥ問題が発生してしばらくは焼肉店も閑古鳥が鳴いたようですが、ほどなく元の活況を取り戻しました。問題は完全に解決したわけではないのですが……。

消費者の食に対する意識が根本的に変わらないかぎり、都会の食がいい方向にシフトすることは期待できません。都会人がバーチャルな食感覚を持っていることは前章で述べたとおりです。これをリアルな感覚に戻す必要があります。そうは言っても、いきなり週末の田舎暮らしを始めるわけにはいきません。

そこでまずは、食が私たちの口に入るまでどんな道筋を流れてくるのかをしっかり理解することから始めたいと思うのです。食の生産地がどうなっているのか、加工食品がどうやって作られているのか、食品がどのように売り場に集められるのか。それらの実態を知ることで、後述する「悪魔のサイクル」を脱却し、食に対する態度を見直すことができる

［図1］

都会への販路

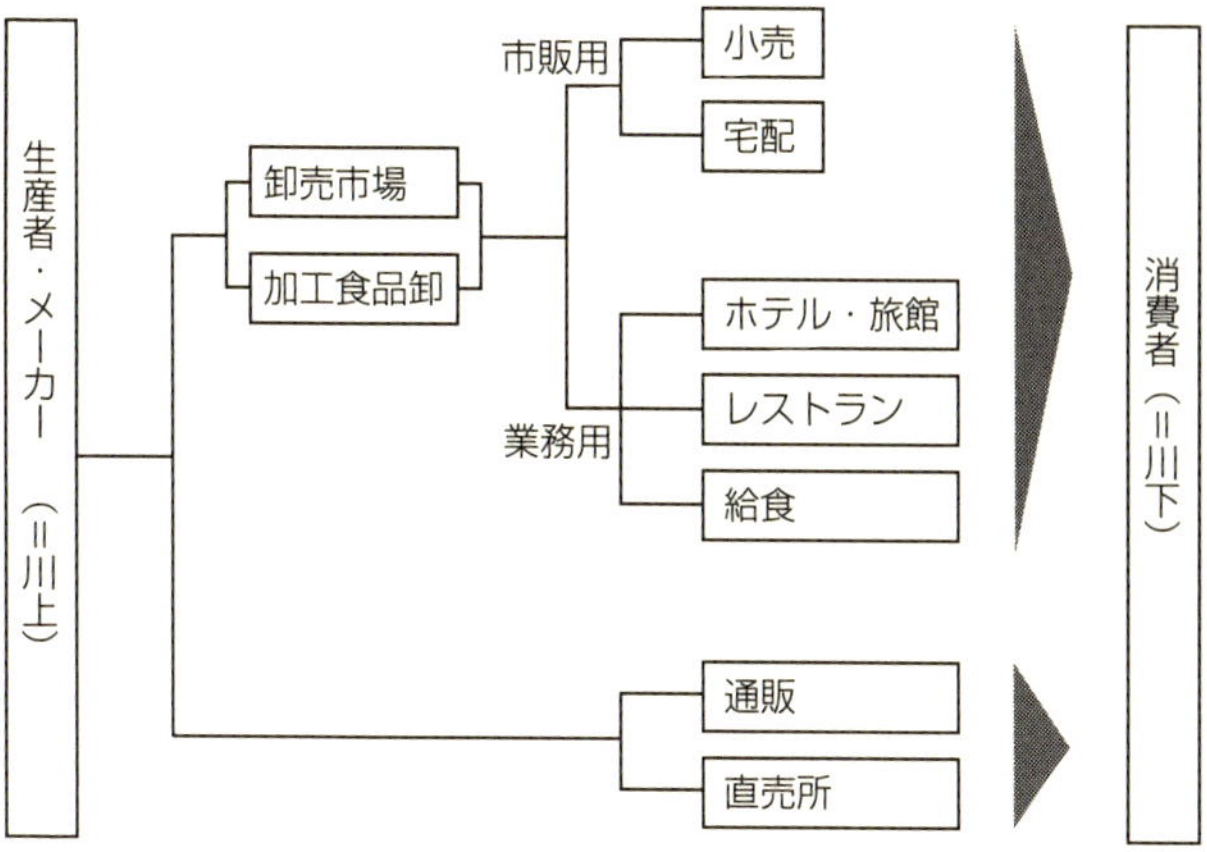

のではないかと考えるからです。

食流通の全体像

食品が作られてから私たちの口に入るまでに、どんな道筋をどうやって流れてくるのか、大まかな流れはおわかりかと思います。生鮮食品であれば、生産地から出荷されたものが卸売市場に集められ、そこで仲卸業者に買いとられます。そしてスーパーなどの食品小売やファミレスなどの外食業者が仲卸業者から食品を買いとります。私たち消費者は家で消費するものは小売店で求めますし、外食という形で食品を口にする場合もあります。［図1］

ここで注目していただきたいのは、食流通

システムに生産地を入れている点です。これは個人的に、「食」と「農」は切り離して考えるべきではないと常々考えているからです。私も含めて都会人は生産地に対する想像力が貧困で、そのこと自体に今の都会の食における問題の根本がある気がしています。食品業界と呼ばずに「食」業界と呼んでいるのも従来的な発想と一線を画すためです。

もちろん、実際の食流通はこんなに単純明快ではありません。市場を経由しないで商社が直接産地から買いつける場合もあれば、外食店が自社の畑を持ち、直接仕入れるケースも出てきました。

しかし、ここではあくまで食流通の全体像を把握することが目的ですから、便宜上、単純化したイメージさえ頭に入れれば結構です。むしろ、それぞれの段階でどんな状況が展開し、それぞれのプレーヤーにどんな思惑が働いているのかを考えることを優先しましょう。

食流通に潜む「悪魔のサイクル」

食流通はＩＴ業界や機械工業系の世界とは違って身近なモノを扱っているのでよくわ

［図2］　食流通における悪魔のサイクル

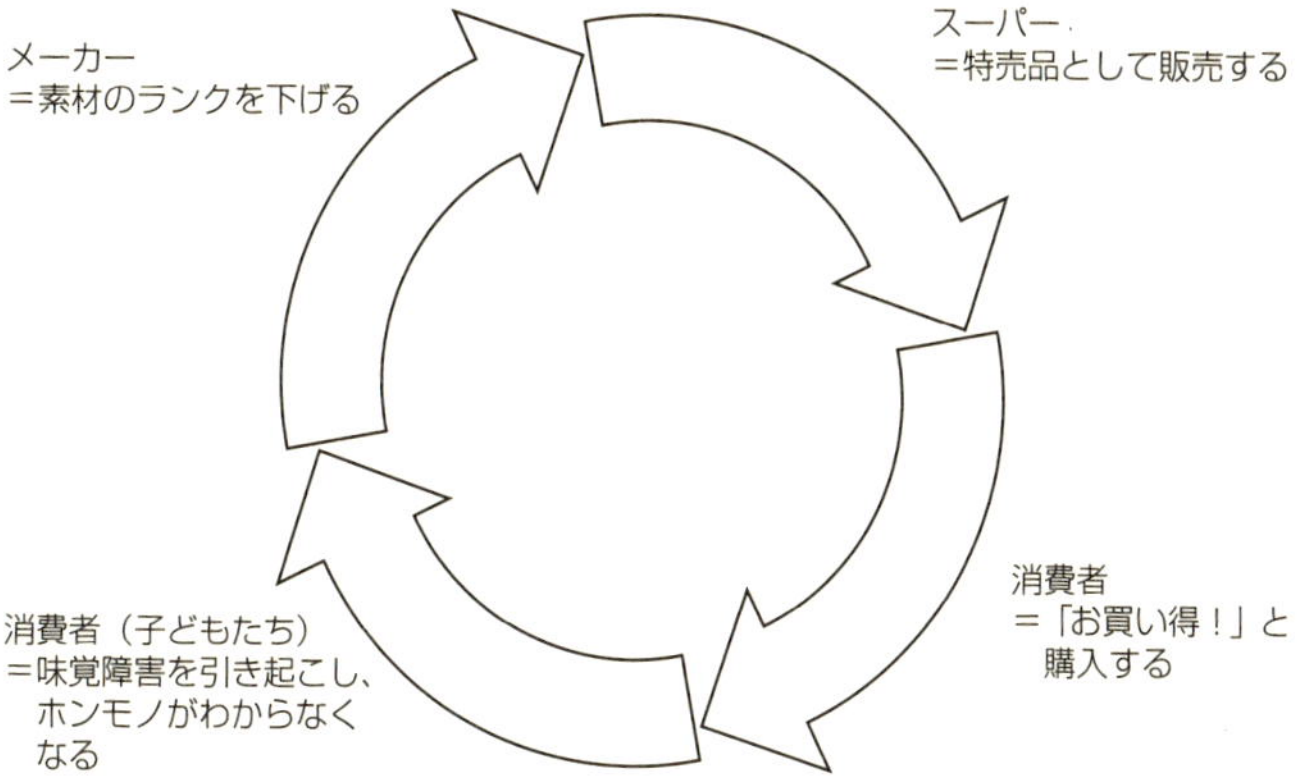
スーパー
＝特売品として販売する
消費者
＝「お買い得！」と
購入する
消費者（子どもたち）
＝味覚障害を引き起こし、
ホンモノがわからなく
なる
メーカー
＝素材のランクを下げる

かっていると思いがちですが、実はそこに大きな落とし穴があります。消費者はＢＳＥや産地偽装事件でも起きれば、業界の怠慢や悪意に怒りや失望を覚えます。ところが、いいのか悪いのか、喉もと過ぎればすぐ忘れてしまう傾向があり、普段は業界全体をむやみに信じきっている節《ふし》があります。食は命に関わるものであるわりに、車や飛行機のように日常的に安全性がとり沙汰されることはありません。

ところが、そんな消費者の性善説的スタンスを逆手にとるかのように、現実には「悪魔のサイクル」とでも呼ぶべき悪循環が起こっているのです。［図2］

一例をあげてみましょう。スーパーが特売

のための目玉商品をメーカーに依頼するとします。メーカーとしてはコスト割れしてはかなわないので、なんとか原価を下げようとします。そのためには原材料のランクを下げるか、代替の原材料で対処します。何も知らない消費者はお買い得だと喜びながら、いつもより粗悪な商品を買っていきます。粗悪な材料で作られたものを家庭で頻繁に食べる子どもは、知らず知らずのうちに味覚がおかしくなっていきます。そしてコンビニのおにぎりと家で作るおにぎりの味の差がいつの間にか気にならなくなっていきます。かくして、食品メーカーもファミレスもお弁当屋さんも、味のわからない消費者に向けて、ますます平気でいい加減なものを提供しつづけるというわけです。

業界プレーヤーのすべてがすべて、これほど性悪だとは言いません。味と品質にこだわりを持ってモノ作りに励んでいらっしゃる生産者もいますし、メーカーもあります。また、自社の厳格な基準に合わないモノはとり扱わないという流通業者もいます。しかし、食業界も、ボランティアで商売をしているわけではありません。従業員に給与を支払わなければなりませんし、企業としての収益を上げることが第一の目標であること自体、責めることはできません。そしてその目標を果たそうとするあまり、ときに悪魔のサイクルに加担してしまうことがあるのです。消費期限の過ぎた原材料を使い回してしまったのも、損失を出したくないからにほかなりません。

私たち消費者にできることは、このカラクリをよく理解し、率先して悪魔のサイクルから抜け出すことに尽きます。消費者にそっぽを向かれては食業界は成り立たないのですから、一番強い立場にあるのは実は消費者なのです。

ではこれから、各プレーヤーの現状と思惑を見ていきましょう。まずは私たちに最も近い、つまり食流通の川下に位置する外食業界から見てみることにしましょう。

日本人の外食率はなんと四割

みなさんはどのくらいの頻度で外食をしていますか。外で働いている人なら、平日の昼は当然ながら、夜も外食がちという方も多いことでしょう。一日三食として計算すると、一週間では全部で二十一食です。そのうち多くの都会人は外食の回数が平日の昼五回＋夜二回。毎晩外食の場合はあと三回加わり、全部で十食となります。つまり全体の三分の一から二分の一の割合で外食をしていると推定できます。朝も駅の立ち食いそば、という方に至ってはさらに割合が上がります。

実際にデータを見てみましょう。〔図3〕二〇〇〇年の日本における国民の外食率は四割に迫ります。しかもこれは全国平均のデータですから、都会に限ってみれば軽く五割は超えると想像できます。

［図3］　外食率の増加

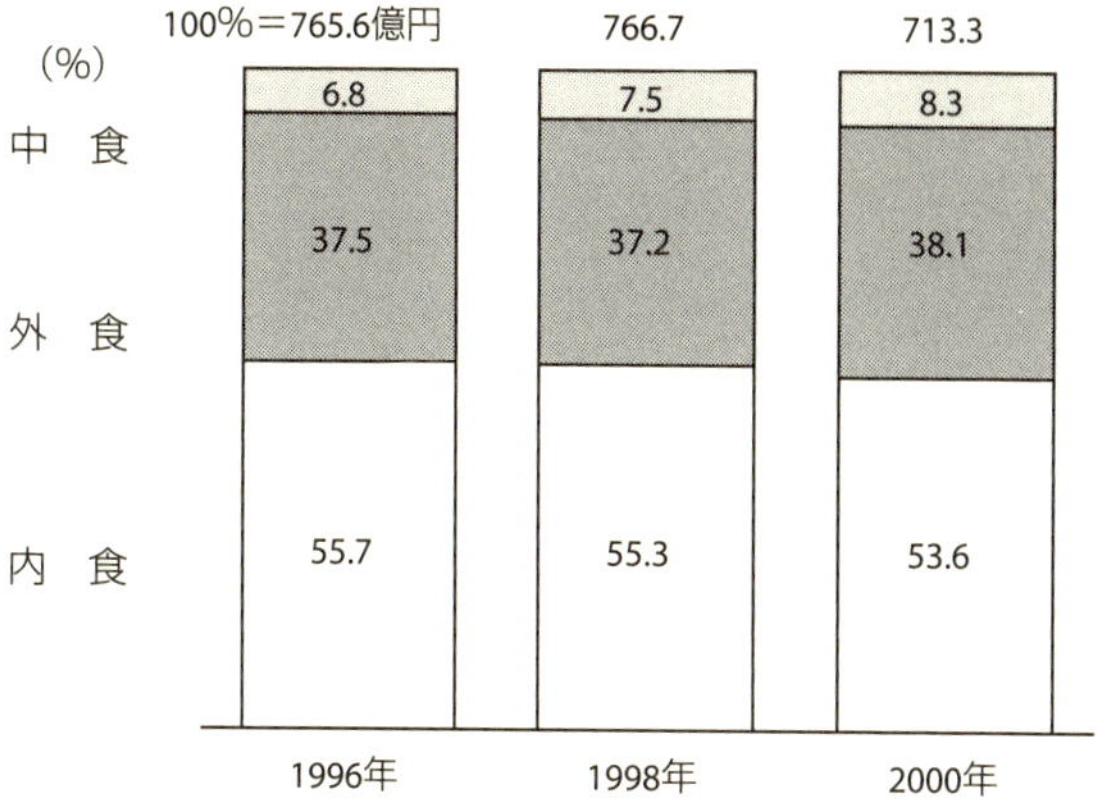

資料：日本食料新聞社

主婦であれば、ここまで外食率が高いとは思いませんが、その割合が高くなっていることは間違いありません。その証拠に「ママランチ」という言葉がかなり定着してきました。「ママランチ」とは、子どもが幼稚園や学校でいっしょの母親同士が集まって、ランチすることを指します。子どもがいないあいだの、貴重な大人だけの時間です。普段、子どもを連れて行けないようなおしゃれなお店や高級店にも入ることができ、話題のお店を訪れる絶好のチャンスでもあります。

しかし、私の親の世代では、主婦の昼食の状況はかなり違いました。今ほど気の利いた店もなく、前の晩の残り物を適当に組み合わせ、慎ましやかにお昼をすませていたものです。お友だちとランチするときも、家でおもてなしをするのが普通だったと言います。

素材をウリにする外食店

人は決して食べることを止めないので、飲食関連業界は景気の変動を受けにくいという一般通念があり、景気の変動を受けるとしても、それは接待需要の部分がほとんどだと言われます。

ただし、ほかの一般消費財同様、消費者の気まぐれに大きく左右される側面は否めません。急激に繁盛した店であっても、数年で嘘のように人気が下火になってしまうことも珍しくありません。ちょっとおしゃれなイタリアンレストランだったところがいつの間にかファミレスに変わってしまったが、実はどちらも同系列の傘下にあると知って納得したこともあります。外食産業はつねに消費者に目新しさを提供しつづけ、他店との熾烈な差別化競争に打ち勝たなければならない宿命を負っているのです。

しかしながら、その差別化の仕方も時代とともに変わってきました。十〜二十年前は内装や店の雰囲気に重点が置かれていました。すでに死語となってしまいましたが、当時全盛だった「カフェバー」という業態は実に幻想的な空間でした。このことからもまだ当時は、外食に非日常感を求めていたことがよくわかります。

今はというと、先ほど見たように外食率が大幅に上がりましたから、今さら非日常感を求めるわけでもなく、人々の関心はむしろ料理そのものに向いているようです。

外食と一口に言っても、高級レストランから居酒屋、ファミレス、ファーストフードなど多種多様です。業態や業種が違えば、当然ながら提供するメニュー内容や客単価が異なってきます。常識的に考えても、素材の質やサービスが値段に比例して変わってくるのが当然で、顧客側も値段に見合った内容を期待するものです。

ところが不思議なことに、最近ではどこへ行ってもある現象が共通して見られます。使っている食材の産地やブランドが、必ずといっていいほどメニューに書いてあるのにお気づきでしょうか。

たとえばある店で「白金豚《はっきんとん》と野菜の炊き合わせ」という一品がありましたが、「豚と野菜の炊き合わせ」ではなくあえて「白金豚」と明示しているところがミソなのです。

白金豚とは岩手県花巻市で生産されている豚で、肉質がソフトで味わいがあると、ここ数年人気が急上昇し、和食店でもイタリアンでもメニューによく登場します。外食業界では誰もが知る存在ですが、一般消費者となると、よほど食にうるさい人でないとなじみがないでしょう。少なくとも、スーパーやデパートの肉売り場で売っているのを見たことはありません。

実はこの白金豚あたりが外食店の思惑にぴったり一致するのです。これが鹿児島の黒豚ではいくらブランド力があっても目新しさに欠けるため、「あー、一応それなりのものを使ってるのか」と顧客が安心感を覚えるだけで終わってしまいます。素材をウリにするためにはさらに一歩踏み込んで、知る人ぞ知る素材、話題の素材を使う必要があるのです。それで初めて、「うちはこだわりを持って素材を厳選しています」という思い入れが顧客に伝わっていくわけです。

そういえば昔から高級店では、メニューを顧客に説明する際に素材の産地を謳《うた》っていました。テーブル担当のウエイターが「本日のメインコースですが、米沢牛のグリルか、明石の真鯛のポワレとなっております」といった具合に、したり顔で説明してくれるのを客側もありがたく拝聴したものです。

ところが今では、そのくらいのサービスはちょっと気の利いた店ならどこでも期待できます。千二百円程度のイタリアンランチでも、懇切丁寧に素材や調理法を説明してくれますし、黒板の手書きメニューに産地が書いてある場合もあります。これらによって漠然とではありますが、安心感や満足感が高まるような気がします。裏を返せば、人々に巣くってしまった食品に対する不安や疑念をとり払うには、今やそれくらいしないとだめだという、店側の切羽詰《せっぱ》った事情もありそうです。

メニューに散りばめられた産地表示

実際にいくつかの店のメニューを見てみましょう。恵比寿の「今井屋」という焼き鳥屋では、鶏はすべて秋田県の比内地鶏、しかも朝びきのものを産地から直送して使っていることが自慢です。しかも直送は鶏だけではありません。メニュー名には素材の産地が例外なく散りばめられています。

たとえば「京都府右京区嵯峨野産しろ菜の温かいお浸し」「佐賀県唐津市産・川島豆腐店の頑固手作りざる豆腐を使ったあつあつ揚げ豆腐」。要はお浸しであり、揚げ豆腐なのですが、こう書かれていると確かにありがたみが増す気がします。

また、メニュー名だけでなく、使っている素材についても、どこの産地から届いたものであるかがこと細かに明記してあります。たとえば、しいたけは山形県東田川郡三川町、かぼちゃは北海道河西郡芽室《めむろ》町、ぎんなんは愛知県中島郡祖父江《そぶえ》市山崎町から、という具合です。そこまではっきり言うからには、さぞかし厳選された確かなものに違いないと誰もが思うことでしょう。

この店の場合、実際に食べても期待を裏切られることはありません。お値段のほうはたっぷり飲んで食べて一人一万円くらいはしますから、焼き鳥屋といっても高級な部類に入りますが。

客単価が半分のハイエンドな居酒屋でも状況はあまり変わりません。MEDグループの経営する代官山「萬葉庭」のメニューを見てみましょう。「霧島黒豚しゃぶサラダ」「丹波黒豆そば」「大山鶏の半熟親子丼」……とすべてのメニュー名に枕言葉のように産地がついて回ります。

さらに、客単価を三分の一に落としてファミレスを見ても状況は同じです。ただし、メニュー単価が下がれば下がるほど、当然ながら、メニューのなかで素材を明示できるものが限られてくるようです。ごく一部の素材をとり上げて、素材のよさを思いきり強調しており、その他の素材についても客を煙に巻いているかのような印象を受けます。

ジョナサンのメニューを見てみましょう。例の写真満載のグランドメニューを目に浮かべてください。鮮やかな料理写真の下には素材の産地がズラリ。「甑島《こしきじま》産きびなごサラダ」、徳島県産阿波尾鶏を使った「若鶏のみぞれ煮」。ちなみにこちらのブランド鶏はＪＡＳ認定第一号であるという注釈までついています。定番のハンバーグはオーストラリアビーフとカナダポークのひき肉を使ってあり、ポークのほうは抗生物質や成長ホルモンをいっさい使っていないという触書《ふれがき》もあります。さらにほうれん草は契約農家によって減農薬、減化学肥料農法で作られているそうです。

ジョナサンが契約農家の有機野菜を使っていることを大きく謳いはじめたのはもう十年以上前ですから、今思えば、かなり先端をいっていたことになります。

メニューでの情報開示が古くから慣行となっていた業態であることを考えると、実はファミレスが産地表示のはしりかもしれません。昔はファミレスと言えば「安かろうまずかろう」というのが一般的な評価でした。だからこそあえて素材のよさをアピールすることによってイメージアップを図ったのでしょう。その努力の甲斐あってか、ファミレスの地位はかなり向上したように見えます。

ほんとうのこだわりを見極めるポイント

ファミレスから始まった産地表示が、今では外食業界全体に広まりつつあるのはある種皮肉なことです。いかに世の中全体が食不信に陥っているかを物語っているからです。しかし、どの世界においても情報開示が進むこと自体は悪いことではありません。嘘やごまかしは必ず閉鎖されたところで起こるもので、人の目にさらされていればそれだけつけ入る隙《すき》がなくなっていくからです。

ところで以前、高級割烹チェーンの企画担当の方にご意見を伺ったところ、「うちでは産地表示はやっていない。うちが仕入れている素材ということで、お客さんは信頼してくれている」という自信満々の回答が返ってきました。確かにブランド力がない店ほど、素材の確かさをアピールすることでブランド力を補完する必要があるのかもしれません。

また、業態は違いますが、グルメスーパーの仕入れ担当者も次のようにおっしゃっていました。

「うちのお客様は、うちが仕入れたものはうちのブランドとして信用してくださるので、ほかの店が入れてなくても地方の掘り出し物を思いきって仕入れるようにしています」

自身の目利き能力に対する一流店の自信は共通なのかもしれません。そうなるとますます、産地が書いてあればそれだけで安心してしまうのは考えものです。産地表示は消費者へのサービスというよりは、マーケティング上の戦略なのですから。

今は何と言ってもイベリコ豚がブームのようで、スペイン料理店だけでなく、居酒屋でもメニューに頻繁に登場しています。イベリコ豚はスペイン産の黒豚で、どんぐりだけを餌にしていることから独特のクセと香りがあり人気が急上昇、あっという間にプレミアム的な存在となりました。日本への輸入量は倍増しているそうですが、それでも需要に追いつかないことから悪徳業者も横行しているようで、ほかの種類の豚の蹄をイベリコ同様に黒く塗ってイベリコだと偽って売りつけることがあるそうです。

藤沢にあるレストラン、「バレーナ」の三田村シェフは、イタリア料理店でありながらイタリア・パルマではなく、あえてスペイン・イベリコの生ハムを使っています。すべての素材に関して、自分の舌で一番美味しいと感じたものであれば産地にはこだわらないそうです。本場イタリアでは、プライドの高いイタリア人がイベリコを使うことはあり得ないのでしょうが、より自由な発想で素材を使っていると言えるでしょう。一方、最近ではまったく意味もなく客寄せ的にイベリコ豚を使っている店も多いようです。

そこで賢い消費者としては、ブランドが単なる客寄せとして使われているだけなのか、それとも本当に素材にこだわりのある店なのかどうかを見極める必要があります。

店のスタッフと話をしてみればすぐにわかります。料理や素材にこだわっている店のスタッフは自然と説明がうまいものです。提供しているモノに精通していてプライドを持っているかどうかで、だいたいはその店の真価が透けて見えてくるようです。

仕入れも人任せではいられない

提供する料理、あるいは素材が店の決め手となった今、どの外食店もいい素材を確保するのに躍起になっています。外食企業の企画担当やレストランのオーナーシェフは、他店と差別化するために血眼になって新しい素材を探しているというのが現実です。

手っとり早い方法としては、グルメ素材の産地と強いネットワークを持つ卸とよい協力関係を持つにこしたことはありませんが、それだけでは飽き足らず、シェフ自らがインターネットなどで情報収集することも当たり前となっています。つねにアンテナを張っていて、面白そうな情報を見つけると直接問い合わせをしたり、サンプルをとり寄せたり、はては現地まで足を運んで調査や交渉までするのです。産地によっては都会のシェフの熱意に応えて産地ツアーを組むこともあります。

外食企業もある程度以上の規模になると、産地とより密接な関係を作りはじめています。ファミレスのジョナサンの例（p55）はすでに述べたとおりですが、そういった取り組みも今や珍しいことではなくなりました。

居酒屋チェーン「和民」を展開する「ワタミ」は、自社に生産部隊を設け、社員を野菜など素材の生産にあたらせています。将来の店長候補が素材の基本を理解するようにという社員教育的な目的もあるようですが、店舗で使う素材を自社で作ることによって食の安全と安定供給を確保するのが狙いだということです。

小売にしても外食にしても、ある程度の規模のチェーンになると、素材の仕入れ量が莫大になるため、一定の品質のものを安定的に確保するのは大変なことなのです。

安ければ安いほどいいという時代ではなくなってきました。消費者の舌が肥え、これまで以上に食の安全性が問われる今、仕入れを人任せにしていられないと考える外食企業が多く出てきたとしても不思議ではありません。

川下のさまざまなプレーヤーが、比較的手つかずの川上に虎視眈々《こしたんたん》と目を向けはじめています。農地に関する規制緩和が進めば、農業への異業種参入はさらに加速することでしょう。

中食

時代が生み出した必需品

すっかり定着した「中食」

最近、「中食《なかしょく》」という言葉が定着しつつあります。一言で言えば「外食」と「内食」（家で食べる食事）の中間形態を指す業界用語で、要は弁当や惣菜のテイクアウトのことを指します。言葉にはなじみがない人も、知らず知らずのうちに中食のお世話になっていることが多いのではないでしょうか。

実際、データを見てみますと、中食率はすでに八％強を占めています。四年前は七％弱だったのが毎年確実に伸びています。（p49図）とは言っても中食は厳密には定義しにくいものです。同じファーストフードでも店で食べれば外食、テイクアウトすれば中食となり、実態を統計に正確に反映させることなど不可能でしょう。そう考えると中食率は、実際にはさらに高いことが容易に想像できます。

中食が人々に支持される理由はいくつか考えられます。先に述べたとおり、おさんどんが衰退している今、主婦が残り物で適当に昼をすますことが難しくなってきました。かといって、いつでも食事相手を見つけられるわけではありません。こういうとき、テイクアウトはもってこいです。一方外で働く人は、どうしても外食が中心になるわけですが、社食でもないかぎり、毎日となると結構な出費になります。男性ならば吉野家の牛丼やラーメン屋で手早く安く食事をすれば簡単かもしれませんが、女性の場合、その手の場所に入るのはなかなか勇気のいることです。かくして女性にとって、中食は強力な味方であることは間違いありません。男性でも、食べる時間も惜しんで仕事をする際は、コンビニのお弁当などにお世話になることもあるでしょう。

もちろん、少数派ながらもいまだに弁当持参の見上げた人もいるには違いありませんが、今や昼食を調達できるお店はあちこちにあります。わざわざお弁当を作って家から持ってくるよりも、職場の近くで買ったほうが圧倒的に便利だし、何といっても冷や飯よりはホカホカのご飯が食べられるほうがいいに決まっています。

昼食ばかりではありません。おさんどんをしない主婦はテイクアウト総菜を家庭の夕食にも使いますし、一人暮らしの人は少量を料理するのは面倒なものですからなおのこと、中食を利用することが多いでしょう。中食の人気は時代の必然と言えそうです。

進化するコンビニ食

お昼どきのコンビニはいつ見ても盛況で、レジ前にお弁当やおにぎりを抱えた長蛇の列ができています。最近ではガテンなお兄さんたちだけでなく、若いＯＬの姿をよく見かけるようになりました。それが証拠に彼女たちに向けた極少パックのお惣菜や、少量ずついろんなお惣菜が詰め合わされた「おかずセット」など、気の利いた商品があれこれ登場しています。

一方、夜の八時、九時ともなると、今度は男性が夜ごはんを買い込んでいる姿に出くわしますが、昼間のＯＬとは違って買う量が半端ではありません。大きなお弁当やうどんセットのほか、さらにおにぎりやおかずを足していたりします。また、アイスコーヒーやお茶なども一リットルパックが主流のようです。

コンビニが都会人の生活に不可欠な存在となって久しいものがあります。一日に一度ならず二度三度とコンビニに足を運ぶ人も少なくありません。こういった行動様式がベースにあれば、食もコンビニに頼るのは自然なことと言えます。

実際、消費者からの幅広い支持に応えるべく、コンビニ食はどんどん進化しています。現状に飽き足らずつねにスピーディーに進化しつづけるという点では、コンビニはダントツの業態ではないかといつも感心して見ています。

その姿勢はコンビニの顔でもあるおにぎりに如実に表れています。おにぎりは発売以来、プレミアム化の一途をたどっています。新潟魚沼産コシヒカリを使用、塩は瀬戸備前のにがり塩、海苔は瀬戸内産、という具合に大上段に構えたおにぎりが標準になってきました。かつての①→②→③と順序にしたがってセロハンを破って食べる定番商品に比べたら、手作り感も格段にアップしました。製法への飽くなきこだわりが商品から垣間見えるようです。保存料は入っているものの、食感や味はぐんと改善されたように思います。

それでも個人的にはよほど必要に迫られなければコンビニおにぎりを食べることはありません。賞味期限や添加物の表示がどうしても気になって素直に味わうことができないのです。製造月日と賞味期限が時間単位で書かれていることで、余計に鮮度に神経質になってしまうのは私だけではないと見え、棚の奥から少しでも新しいものを選ぼうとする人をよく見かけます。

また、万が一のために保存料を使うのは致し方ないとしても、原材料欄に「酸化防止剤」などと記載してあると、クスリが直接おにぎりに振りかけてあるような想像をしてしまってどうも気色悪いのです。そんなことを考えるくらいなら、うちでおにぎりを作ったほうが早いし、うちで作ったほうが圧倒的に美味しいに決まっています。

しかしながら、そうは言いながらもそんな私でも朝早くハイキングに行くときなど、私自身もお世話になることがあるのも事実ですから、今後もコンビニおにぎりがなくなることはないでしょう。

お弁当の企画力にも毎度驚かされます。最近では「二十品目弁当」という、専属栄養士による企画弁当まで登場しました。食生活のバランスに自信のない独身者の心を捉えるのでしょうか。さらに「日本を味わうお弁当」という千円近いお弁当まで出てきました。添加物が入っていないわけではないのですが、素材の選び方、調味の仕方などで少しでも手作りに近づこうという努力が見えます。

そして何より一番感心し、手が出るのはコンビニのオリジナルデザートです。女性であればランチの量を減らしてでも食後に一口甘いものを食べたい人も多いでしょう。チルドのデザートコーナーには、以前はナショナルブランドのプリンやヨーグルト程度しか置いていなかったものですが、最近ではスペースも拡大し、種類もぐんと増えました。ただのプリンではなくプリンアラモードに仕立ててあったり、ケーキにシュークリームにクレープにと、ケーキ店顔負けの品揃えです。明らかに有名パティシエのデザートを意識したものや、鉄人ブランドの商品さえ出てきました。

ますます広がる中食の選択肢

中食はコンビニだけではありません。「ほっかほっか亭」や「オリジン弁当」などの弁当チェーンも相変わらずの人気です。さらにはファーストフードもテイクアウトをすれば立派な中食の仲間です。

それ以外にも、今や急成長中の中食市場には外食業界をはじめ、宅配チェーン、食品メーカーなど、さまざまな業界から参入者が相次ぎ、大激戦となったおかげで刻々と進化をとげています。従来の弁当チェーンはどちらかというと男性向けでしたが、最近では女性にも買いやすいものが続々登場してきました。そして女性の支持を得た企業がぐんぐんと業績を伸ばしているようです。

なかでも私が注目しているのは、「そうざいや地球　健康　家族」というテイクアウト専門の惣菜チェーンです。ロックフィールドという惣菜メーカーが経営しており商店街などに出店しています。

同チェーンの場合は、おかずが充実していて、少量ずついろいろな種類を選べるのが特徴です。スタンダードな肉じゃがや鶏の唐揚げ、白和えなども手作りに近い味です。実際、惣菜の種類によって、自社工場で作るもの、バックヤードの厨房で最終工程（揚げる、和えるなど）を施すもの、そして全行程を店の厨房で行うものに分かれるようですから、なかには手作りのものもあるというわけです。

季節に合わせてオリジナルメニューも次々打ち出しています。たとえば三陸産のあんこうを使った「あんこう（骨つき）と筍《たけのこ》の和風揚げ」「冬野菜の海老あんかけ」といった具合にレシピがなかなか凝っています。また、チェーン名のとおり、健康を強く意識していることは、赤米、たかきび、煎り黒豆といった雑穀など、身体によいとされている素材を積極的に使っていることからも伝わってきます。

最近最も驚いたのは肉じゃがです。同店の肉じゃがには肉、じゃがいも、しらたき、さやえんどうなどスタンダードな素材が入っており、テイクアウト用にプラスチックパックに好きなだけ詰められるようになっています。肉ばかりとる人やイモばかりとる人がいたらどうするのだろう、なんて余計な心配をしてしまいますが、ここまでくると、まさに家のお惣菜感覚です。ランチ用におかずを二、三品選び、おにぎりを買って七百円程度で収まるので満足度はかなり高いでしょう。

このほかにも街中のレストランでは、昼どきに店頭でお弁当を売り出す店が増えてきましたし、お弁当を積んだエスニックレストランのワゴンカーを見かけることもあります。東京・有楽町の国際フォーラム広場では、昼休みにもなると自動車屋台村が形成され、付近のオフィスで働く人々に喜ばれているようです。中食の選択肢は今後もますます広がりつづけることでしょう。

世界に誇れる日本の「デパ地下」

中食を語るうえで決して忘れてはならないのがいわゆる「デパ地下」です（デパ地下はすでに一般用語として定着したとは思いますが、デパート地下の食品売り場を指します）。数あるテナントのなかで、つねに人だかりが絶えない店の一つが「ＲＦ１」で、前掲の惣菜専門メーカー、ロックフィールドが経営しています。サラダ系のお惣菜を中心とし、何十種類ものバリエーションを常時揃えていて店先は色とりどり、見ているだけでも楽しくなります。こちらも季節に合わせて新メニューが次々と登場します。「紅心大根と釜揚げしらすのサラダ」「フレッシュ菜の花とタコのイタリアンサラダ」といった具合に、素人ではなかなか思いつかない斬新なとり合わせが特徴です。味つけが薄めで、五穀やひじきといったヘルシー素材を積極的に使っている点もお弁当チェーンの「地球 健康 家族」と共通で、健康志向を前面に打ち出しています。

夕方ともなると主婦らしきお客さんが目立ちます。おそらく夕食のおかずの一品にするのでしょう。一〇〇g四百円程度で家族四人分に三〇〇g買うと千二百円前後なので、サラダとしては決して安くはありませんが、一から用意する手間を考えたら、結果的にコストパフォーマンスがいいのかもしれません。おそらく家族は手作りだと信じて疑わないことでしょう。

ところで、世界の主要都市にあるデパートの食品売り場と比べてみても、日本のデパ地下は圧巻としか言いようがありません。海外からの観光客のなかにはわざわざデパ地下を見たいという人もいるくらいですから、国際的レベルで評判を確立しつつあるのかもしれません。

日本のデパ地下というと、ゴチャゴチャしていて活気があって、どちらかというと市場のようです。特に鮮魚売り場は威勢のよさがウリです。

一方、お菓子売り場は世界中の有名ブランドと日本中の人気ブランドがひしめき合う人気のスポットです。新しいブランドがどんどん入ってきて、頻繁にブースが入れ替わる激戦区でもあります。バレンタインデーが近くなれば、世界のどの都市よりもヨーロッパ中の一流ブランドのチョコレートが一堂に揃うこと間違いなしです。また近ごろでは東京の有名パティシエのケーキを予約したかったらデパートへ行ったほうが手っとり早いと思われるほど、最先端のブランドが揃っています。

高級料亭のお弁当やおせちを予約できるのもデパートならではでしょう。なだ万や京都の菊乃井、加賀の浅田屋といった老舗一流料亭のお弁当を注文することができます。最近では数万円するおせちの予約受付も即座に一杯になってしまうそうです。

店頭に並んでいるものをただ対面で売るだけでなく、予約、ギフト配送、仕出しの窓口といった機能も併せ持つところは、まさにデパ地下の懐の深さを示しています。

さらに百貨店の食品部の守備範囲はデパ地下のみならず、通販にも及びます。今、再びスポットライトを浴びつつある地方物産展の企画・開催を始めとして、新しい仕入先の開拓にも余念がありません。百貨店再生の要は食品にあるような気さえします。

エキナカと空弁《そらべん》

ところで、主要ターミナル駅の構内が最近急に賑わいを見せています。東京駅を始め、品川駅しかり、表参道駅しかり。なかでも飲食は充実度を増しているようです。

これは鉄道各社が運輸収入減を補うために駅構内の開発に本気で取り組みはじめたことによるものです。駅構内ということで、業界では「エキナカ」と呼ばれており、人の往来が激しい、つまり恒常的に需要が見込める新たな人気出店スポットとして注目を浴びています。

駅を利用する側からしても、駅を降りずに用事をすませたり食べ物を調達できれば確かに便利です。

新幹線などで長距離を移動する場合、たいていの人が乗車前にお弁当を調達しますが、駅の売店にはこれまで車内販売の幕の内弁当と大差ないものしかなく、お世辞にも美味しいとは言えないものばかりでした。ところが最近では、エキナカに専門店があれこれお目見えし、選択肢が格段に増えました。

昨年十月、JR品川駅の構内に「エキュート品川」という商業施設ができて話題になりました。二階建ての複合施設の一階に飲食系の物販、二階にレストランなどがあり、連日大変な賑わいを見せています。駅構内にあるものの、実態はデパ地下と変わりありません。駅利用者の利便性を満たすというレベルを超えて、わざわざ入場券を払って訪れてもいいような魅力的な店ばかりが集積しています。

たとえば、その場で握ってくれるおにぎりを売る「おにぎり処こんがりや」。種類は豊富で、一個二百七十円もする鯛めしおにぎりまであります。また、洋食で有名な「つばめグリル」では無添加・保存料不使用のお弁当をその場で作って出しています。そのほかにも、いなり寿司や握り寿司、惣菜、漬物など、すべて小さなポーションで買うことができます。一人暮らしの人にとっては帰宅途中に食料を調達できる場所として大変重宝していることでしょう。

ある夕方のこと、エキナカのケーキ売り場にスーツ姿のビジネスマンが大勢並んでいたので驚きました。デパ地下ではあまり見ない光景だからです。彼らはどうやら商用のおみやげを購入していたようです。なかには帰宅途中のお父さんも混じっていたので家族へのおみやげかもしれません。いずれにしろ、エキナカはこれまでデパ地下に寄りつかなかった男性をも、とり込んでしまったようです。

同様に、空港も飲食の面では大幅にレベルが上がってきました。またまた奇妙な業界用語ですが、空港で売っているお弁当ということで「空弁《そらべん》」と呼ばれています。通常、国内線では食事が出ないので、機内にお弁当を持ち込んで食べる場合を想定して、小さめに作られているのが特徴です。飛行機に乗らないのに空弁を買いにわざわざ空港に来る人もいるというほどの人気で、一日に千個売れるヒット商品もあるそうですから驚きです。

中食依存は危険

それにしても、中食の出現、進化によって都会人はどんなに助けられていることでしょうか。ほんの十年前を思い返してみても、中食的なものと言えば、押し寿司や焼き鳥、コロッケ程度しかなかったように記憶しています。

それが今では、下手すると家庭で作るよりははるかに気の利いた、栄養まで考え尽くされたメニューがいくらでもあるのですから便利なものです。特に単身者の場合は、体のためにといって白和えや煮物の材料を買って作ったら、手間がかかるばかりでなく、何日も同じものを食べる羽目になってしまいます。多品種少量で味も栄養もそこそこ納得のいくレベルであれば、テイクアウトのお惣菜は理想的でしょう。

そう考えれば、都会で中食率がどんどん上がるのは当然の結果とも言えそうですが、選び方についてはやはり慎重になるべきでしょう。コンビニのお弁当は工場で製造されて運ばれてくることから必ず保存料が入っています。また、惣菜チェーンの惣菜も、ほとんどの調理行程を工場ですませており、各店舗のバックヤードで具と調味液を合わせる、揚げるなどの最終工程しかしない場合が多く、大差ありません。

中食を利用するなら、できるだけ手作りに近いものを選ぶように心がけたほうがよいでしょう。特に利用頻度の高い場合は体への影響を考えるべきで、多少値が張ってもクオリティを優先させるべきでしょう。中食に頼るぶん、外食が減ったと安心するのは間違いなのです。外食には味が濃いなどの問題はありますが、調理してその場で提供しているかぎりは保存料を入れる必要がないので（ファーストフードやファミレスなど、セントラルキッチンで調理している場合以外）そのぶん不安材料は少ないと言えます。

中食にしても外食にしても、どのように作られたものなのか、つねに想像力を働かせて利用する必要があるでしょう。

素材の提供から、アイデアの提供へ

買い物といえばやっぱりスーパー

次は、外食・中食に対して、内食（家で作る食事）のための素材を提供してくれる食品小売について見てみることにしましょう。

一口に食品小売といっても、さまざまな業態が存在します。典型的な食品小売と言えば、大丸ピーコック、マルエツ、いなげやといった食品スーパーを思い浮かべる人が多いことでしょう。これらのほとんどはエリア限定の店舗展開で、一般にローカルチェーンと呼ばれています。また、百貨店や量販店（イトーヨーカドーやイオンなど）においても食品は基幹商品であることは言うまでもありません。さらには、今でこそ数が激減しているものの、いわゆるパパママストアと言われる八百屋さんや肉屋さんも都会からなくなってしまったわけではありません。

これら、多種多様の食品小売のなかでも、食品小売を専業とする食品スーパーこそが、現代の都会人にとって食品調達のおもなルートであることは間違いないでしょう。

これに比べ量販店は、週末に家族で行ってまとめ買いをするとか、家電や衣類を買うとか、フードコートで軽い食事をしたりと、さまざまな目的のある、非日常的イベントの場と考えられます（量販店がたまたま近所にあり、そこで日常的に食品を調達する人はそのかぎりではありませんが）。そのため、家計上も往々にして特別枠が採用されますし、量販店の発行するクレジットカードが多用されます。

一方、食品スーパーでは量販店と違ってクレジットカードで買い物をする顧客が圧倒的に少ないそうです。多くの食品スーパーが、ほかの小売業態同様、顧客の囲い込みを図って自社カードを発行しているのですが、クレジット機能がついたものはことごとく利用が進まず、ポイントカードとして普及するのが精一杯だと、あるスーパーの方から聞いたことがあります。

これはひとえに、食品スーパーの顧客が圧倒的に主婦であり、そこでの買い物は日常的な家計のやり繰りそのものにほかならないからでしょう。ひと月の食費が決まっていて、そのなかでやり繰りしなければならない主婦にとって、一カ月もあとになって請求がくるクレジットカード払いは家計管理になじみにくいものです。このことからもますます、食品スーパーが家庭の「食」の素材の供給元として中心的な存在であることがわかります。

品揃えがスーパーの命運を分ける

標準的な食品スーパーでは、半径一キロメートル以内に住む地域住民が顧客のほとんどですから、彼らのライフスタイルに密着した品揃えがどれだけできるかが店の命運を分けます。なにせ、東京・青山の紀ノ国屋のように遠くからわざわざ来るお客や、ジャスコのように週末に車で乗りつけて半日を過ごす家族などが想定しにくいですから、いかにご近所の人のニーズに合致し、足繁く通ってもらえるかで売上が決まるわけです。

たとえば共稼ぎの多い地域で、平日はでき合いの食材も使って簡単にすませ、週末は素材を買って家で手作りをするといったライフスタイルが主流だとしたら、平日に高級和牛を置いても、買う人はほとんど期待できません。むしろこの店は輸入牛を中心に品揃えするのが合理的である、といった見極めをしていかなくてはなりません。

また、何でも安ければ安いほどいいかというとそういうわけでもありません。かつてスーパーや量販店でPB（プライベート・ブランド）商品が流行り、ナショナルブランドより少しでも安いものを売ろうと、多くの企業が試行錯誤した時期がありました。果汁飲料や牛乳、豆腐、マヨネーズ、ケチャップなど、ありとあらゆるPBが一時期、店を占拠したものの、最初は価格破壊的なPBに惹かれた消費者も、品質的に満足しきれずに、しだいにPBから離れていってしまいました。そしてそれ以来、安かろう悪かろうという画一的なイメージがPBに定着してしまい、顧客はナショナルブランドに戻っていってしまいました。ちなみに今のPBは大手メーカーが製造しているケースも多く、品質がかなり向上し見直されはじめています。

そうは言っても、同じ地域内でも顧客の収入やライフスタイルには多少の幅がありますし、ライフスタイルは刻々と変化していくものです。また、どんなに正確に把握できていたとしても、それに合わせた品揃えをするのは至難のワザであり、現場ではトライ＆エラーが繰り返されています。

たとえばあるスーパーでは、売上がつねにAランク（高水準）で安定推移するバナナに着目し、品揃えを思いきって十二、三種類まで増やしてみることにしました。主力のフィリピン産と最近どこにでもあるプレミアムバナナのほかに、ちょっと小ぶりなモンキーバナナや高原バナナなどを揃えてみたところ、予想に反して人気はおのずといくつかの種類に絞られていったそうです。そこで、バナナに限っては豊富な品揃えよりも、人気商品を安く提供するほうが顧客満足度が高いと判断して、アイテムを再び絞ることにしたということです。

マーチャンダイジング（商品政策）は理論ではなく、所詮は不特定多数、しかも気まぐれな消費者を相手に行うナマモノですから、このように試行錯誤を重ねながら、アイテムごとに品揃えの精度を上げていくしかないのでしょう。

ところで、コンビニでは各商品の回転率や利益率といった数値データに基づいてマーチャンダイジングが行われるのが基本ですが、スーパーの場合は必ずしもそこまで割りきった考え方をしないそうです。あくまで地域密着型であること、地域住民に親近感や愛着を抱いてもらうことがスーパーの目指す姿だからでしょう。

たとえば、「地元の味」はスーパーの品揃え上、欠かせないものですが、コンビニではほとんど期待できません。本来、食べ物については誰しもこだわりがあるもので、小さいころから食べ慣れたものはいつまでも忘れないし、口にすると優しい気持ちになったり、固有の記憶と結びついてなんとも表現できない懐かしい気持ちになったりするものです。

この傾向は「日配品」と呼ばれる豆腐や納豆、そしてお菓子に特に強く見られるそうです。今のようなチルド流通システムが発達する前は、足の早い日配品は地場から供給するしかなかったのですから、地元の味に愛着があるというのもうなずける話です。

ところで、マーチャンダイジングの担当者をマーチャンダイザー、あるいはバイヤーと呼びます。スーパーの商品カテゴリーにしたがって、生鮮野菜、精肉、鮮魚、乾物、菓子などの担当に分かれるのが普通ですが、商品仕入れは高度な判断力を要求され、はたで見るよりずっと大変な仕事です。既存顧客の嗜好、近隣競合店の動向、生鮮品の生産動向、メーカーの新製品情報など、さまざまな情報を考慮しつつ、アイテム、仕入れ量、棚割り、売値などを決定していきます。しかも、生鮮品や豆腐などの日配品であれば一日単位の仕入れですから、気を抜く暇もないだけでなく、予測を誤ると大量のロスを出しかねません。

このように、専門知識や情報分析力に加え、瞬時の判断力を必要とする高度な仕事でありながら、社会的認知が必ずしも十分ではない気がします。金融市場のトレーダーが為替や株を売ったり買ったりするだけで持てはやされ高給をとっているのを見ると、なおさらそう思えてなりません。利幅が少ない業界だから致し方ないといって、今後もこの状況を放置していれば、今後、有能な人材を確保するのは難しいでしょう。少なくとも業界として、バイヤーの仕事の魅力をPRしていく必要があるでしょう。特にかつての百貨店同様、完全に男性主導の職場となっていること自体、見直しの余地があるように思います。あくまで顧客は主婦なのですから、主婦の目線に立つことのできる女性バイヤーが活躍するようになると、スーパーも変わるのではないでしょうか。

スーパーが作り方を教えてくれる

食品スーパーは元来、内食（家で作って食べる食事）のための素材の提供を使命としていました。しかし、ここでもご多分にもれず、中食、つまり調理食品がじわじわと売り場を侵食してきました。鮮魚売り場にお寿司のパックが並べてあるのは今でこそ珍しくありませんが、少し前だったらお惣菜売り場にひっそりと置かれていたでしょうし、お惣菜売り場自体もとってつけたようで、店内では日陰者の存在でした。

しかし、今では惣菜を置かないスーパーを見つけるのは難しいくらいで、各社ともその中身をいかにグレードアップするかに凌ぎを削っている始末です。かつては利益を出しにくいといってスーパーでは敬遠されていたお惣菜が、今では逆に儲かる商材に変わり、お惣菜部門を事業部化したり、別会社化したりするスーパーも出てきました。

主婦が通うスーパーで調理食品が人気ということは、やはりおさんどんの衰退を裏づけていると考えていいでしょう。家庭の食卓に並ぶおかずのうち、手作りの比率は急速に下がっているに違いありません。

一方で、そんな家庭の窮状に救いの手を差しのべるスーパーも出てきました。北関東を中心に九十店舗を展開するヤオコーでは「クッキングサポート」という画期的な仕組みを店舗に導入して顧客から絶大な支持を受けています。店内の素材を使って店舗内のキッチンで料理して見せ、顧客に試食をさせ、さらにレシピまで配るという至れり尽くせりのサービスです。

すでに述べてきたとおり、最近の若い主婦（団塊ジュニア世代）は素材から手作りする機会が激減しているため、素材を自由自在に使いこなすほどのノウハウの蓄積がありません。野菜や魚の種類の見分けがつかない人もいれば、素材の質のいい・悪いが見分けられない人も多いようです。これは必ずしも本人に責任があるのではなく、母親から料理を伝授してもらうとか、母親といっしょに台所に立って、見よう見真似で料理を覚えるといった機会が少なかったからだという指摘もあります。

いずれにしろ、毎日の献立を考えるのは面倒なことには違いありません。買い物に行ったその場所で、素材、つまりハードだけでなく、アイデアや作り方といったソフトまで提供してくれるなら、実にありがたい話です。確かにうちには料理本もあるし、テレビで料理番組もやっています。インターネットで検索すれば世界中の料理のレシピが簡単に手に入るでしょう。だからと言っていつも必ず献立のアイデアを固め、準備万端で買い物に出かけられるとは限りません。何も考えずにぶらりとスーパーに行っても、その場で献立のアイデアを得られ、必要な材料を揃えられるのであれば、うっかり買い忘れもありません。うちの近くでもこのサービスがあればいいのにと羨ましくなります。

ここに食品スーパーの新たな使命が見える気がします。食品スーパーにはぜひとも提案型の売り場を期待したいのです。ヤオコーのクッキング・サポートまではいかずとも、これからは、今日何を買えばいいのか、それをどう使って何を作ればいいのか、といった情報や提案を商品とセットで提供してくれる仕組みが求められていると思います。極端なことを言えば、今晩何を食べればいいか全部考えて、材料を一カ所に集めておいてほしいくらいです。逆にそこまで踏み込むくらいでないと、今後、スーパーの売り場は調理食品の割合がどんどん増えていくことが予想されます。

安全志向への対応は不可欠

食品スーパーにおいても、消費者の「食」に対する不安・不信に対応すべく、安全対策や情報開示が進んでいます。最たる例は牛肉で、ＢＳＥ問題が発生して以来、トレーサビリティ（追跡可能であること）が義務づけられ、産地のわからない肉は店頭に置けなくなりました。

また最近では、アメリカから輸入されるオレンジやグレープフルーツに散布された防カビ剤がガンを誘発すると報道されたこともあり、「防カビ剤使用」という表示を見かけます。売上に響くような情報でも自主的に開示する気運が高まっているのは望ましい傾向です。

また、安心・安全を独自に追求しようという動きもあります。関東に六十六店舗を展開するエコスでは、「エコス米」というＰＢ米を開発・販売し、顧客の支持をとりつけることに成功しています。同社がオリジナルブランドの開発に踏み切ったのは、米の表示違反の横行を見すごせなかったからだそうです。

　米がホームセンターやドラッグストアでも格安で流通するにつれ、ブランドを表示しながらも標準米が混入していたり、ヤミ米が使われていたりといった違反行為が相次ぎました。最初は同社も「認証マーク」がついたものだけをとり扱うことでそれらと差別化していたそうですが、ついにはそのマーク自体が不正に使われるようになり、認証マークの権威が失墜してしまいました。

　そこで、自社オリジナル米を開発することを決意したのが四年前。以来、店舗から出る生ゴミを堆肥化して契約農家に供給し、環境に優しい米を作ってもらっているそうです。今では同社の米の売上の大半を占めるようになりましたが、「エコス米」効果は米だけにとどまらず、安心・安全への取り組みに対する同社のイメージアップに大きく貢献したことは間違いありません。

　すべての食品スーパーが、このように消費者に代わって食の安心を確保してくれればこんなにありがたいことはありません。しかし現実には価格的な折り合いと品質保証はつねにせめぎ合いです。消費者とて、店頭でずっと品質表示とにらめっこしながら買い物しているわけではありませんし、安心・安全だけを購入基準としているわけではありません。

一般に、スーパーでの滞在時間は三十分程度。そのうち正味の商品選びが二十分として、一アイテムの選択にかける時間は数秒です。次から次へと商品をカートに放り込んでいくのが実態であって、必ずしもすべてのアイテムについて納得できる品質のものを買えるわけではありません。もちろん、予算との兼ね合いもあるでしょう。店側にとっても消費者側にとっても安心・安全は予算や時間などほかの要素とのトレードオフであることには変わりありません。

そうであっても、より多くのスーパーがホンモノ志向を強め、安心・安全を確保してくれることを願ってやみません。かと言って一部の店で見るように、商品の能書きや生産者の写真などを店頭に表示することで「生産者の顔が見える」ようにさえすればいいというわけではありません。むしろスーパーが産地情報、生産者情報をがっちり押さえ、消費者に代わって安心・安全を保証してくれることのほうが重要です。

店自体を信頼して買い物ができ、情報を知りたければすぐに教えてもらえる仕組みさえあればいいのです。今や誰もが簡単にインターネットにアクセスできる時代です。食品小売でもホームページを完備している企業は多くなりました。今はお知らせやセール情報が中心となっていますが、一部の商品をピックアップして詳細な産地情報を開示しているケースもあります。今後はすべての商品について即座に産地情報が得られるようになれば理想的です。

グルメスーパーの登場

これまでオーソドックスな食品スーパーの動向について述べてきましたが、一方で近頃都会では、グルメスーパーと呼ばれる高級店が短期間で矢継ぎばやに出現し、すでに一定のポジションを得るという大きな変化が見られました。

都会の食がファッション化、エンターテイメント化した今、食料の買出しシーンも影響を受けないはずがありません。家で食事を作ることが今や地味な日課ではなくなり、作りたいときに作りたいものを作るという、気分重視のアクティビティとなった以上、食料の買い出し自体が快適でファッショナブルであることが求められるようになりました。

特に、都会の単身者や団塊世代の夫婦といった高所得者層にとっては、食も服や家具の買い物同様、自分のこだわりや欲求を満たす自己実現の手段となりました。彼らは外食や旅行の経験が豊富なだけに、舌も肥えていますから、家で食べるときにも、できるだけいい素材を使いたいと考えます。もとより団塊世代の一番の関心事は健康ですから、身元の確かないい素材を使うことはもはや前提なのかもしれません。

ところが従来のスーパーマーケットは必ずしも、彼らの欲求を満たす品揃えだとは言えませんでした。彼らの潜在的な不満を一気に解決するような高級感のあるスーパーがここ二、三年のあいだに都心のあちこちに出現しました。昔から、それなりに存在した業態ではあったのですが、最近特に数が増え、存在感も増したところから、いつしかグルメスーパーと呼ばれるようになりました。都会の、年収一千万円クラスの世帯をコアターゲットとしています。

たとえばJR目黒駅の駅ビル内にはザ・ガーデン、目黒通りを隔てて南側にはプレッセがあります。どちらも店内は小ギレイで、かつては食品スーパーというよりはデパ地下に近い印象です。前者は自由が丘のシェルガーデンが元祖で、かつては西武百貨店のデパ地下に出店していましたが、最近急激に路面店を増やしています。後者は東急グループの系列です。東急線沿線の各駅にある東急ストアのほうが圧倒的に有名で数も多いですが、その高級バージョンとして一九八八年に開店し、今では都内に七店舗を展開しています。東急ストアに比べると品揃えが限定される代わりに、ナチュラルチーズやワイン、コーヒーといった輸入品、嗜好品の類がぐっと充実しています。野菜や肉など、同じ商品アイテム同士を比べると、値段が二割程度高めです。

また、東京・渋谷の東急東横店地下には成城石井が出店しています。こちらも昔からワインその他の輸入品の品揃えが豊富なことで有名で、品川駅、恵比寿駅など、おもにＪＲの駅ビル内に出店しながら、着実に業績を伸ばしています。店内は輸入物の商品が入り乱れる雑多な空間になっていて、店内を歩いていると、掘り出し物に出会えそうでワクワクしてきます。平日の夜に品川のお店に行くと、仕事帰りの単身者らしき人でごった返しています。

品川駅にはほかにも伊勢丹系のクイーンズシェフ、六本木ヒルズには西友系のフード・マガジンがあり、それ以外にも東武グループ系のフェンテ、京王グループ系のキッチンコートなどが続々と出てきました。

これらのグルメスーパーに共通する目新しさ、そして付加価値は何といっても、買い物する楽しさ、快適さを重視した点にあるでしょう。

まず、店に行くこと自体がおしゃれであり、店内であれこれ珍しい商品を見つけるのはなんとも楽しいエンターテイメントとなり得ます。そして生活感度が似ている人だけが店に集まっているから心地もいいのです。グルメスーパーには普通のスーパーにいるようなジャージの上下を着たおじさんは絶対にいないし、量販店のように子どもが駆け回って騒ぐこともありません。食品そのものの付加価値もさることながら、空間としての心地よさが、都会人に圧倒的に支持される要因と考えています。

ただし、出店ラッシュがスローダウンしてきた最近では、心なしか各店とも少しだけ庶民的になってきた気がします。グルメスーパーでも日常的にセールをやっているし、モノによってはお買い得品もたまにあります。品川駅のクイーンズシェフでは夜になるとお惣菜などを売り切るために値下げ販売が始まり、グルメスーパーらしからぬ呼び込みまでかかるのでちょっとびっくりします。普通の買い物客の割合も確実に増えてきたようです。

その一方で普通のスーパーが次々と新装開店して内装や品揃えをグレードアップする動きがあり、両者の垣根はどんどん低くなっているように見受けられます。

こうしたグルメスーパーの一般化にあらがうかのように、さらに洗練度を上げた新機軸を打ち出してきたのは冒頭で紹介した成城石井セレクトです。個食に対応したスモール・ポーションでの売りを特徴とし、イメージもさらにグレードアップしています。二十四時間営業という点では一見、コンビニのようですが、店内は落ち着いた木調の内装で、お隣のセブンイレブンの真っ白な内装とは一線を画しています。ローソンも新たに「ナチュラルローソン」という新業態でグレードアップを図っていることから、都会では高級化をめぐる競争がさらに激化しているということでしょう。

ところで、グルメスーパーの元祖と言えばなんといっても東京・青山の紀ノ国屋と、食品卸大手、明治屋直営の同名のスーパーです。新参者の勢いに比べると停滞気味な印象は免れないものの、やはり格段に優雅な香りがしますし、顧客層が明らかに違います。

広尾の明治屋の駐車場は、超レアな高級外車を探すならもってこいの場所です。今どき誘導のスタッフが大勢いるのにも驚きます。商品の過剰包装といい、まさにバブル時代の感覚そのまま、肉も魚も野菜も目が飛び出るほどのお値段で、セール品でもちっとも安くありません。しかし周りの買い物客を見ていると、値札を見る気配もなく、次々に買い物カゴに品物を放り込み、ゴールドカードでさっと買い物をすませています。すっぴん姿の芸能人を見る確率も高く、ここはグルメスーパーのなかでも別格でしょう。

しかし、後発のグルメスーパーが続々登場するなか、さすがにいつまでも殿様商売をしているわけにいかなくなったと見え、最近は老舗も少し動きを見せはじめました。紀ノ国屋は昨年、渋谷東急本店の地下に出店して業界を驚かせました。東急本店なら系列の東急ストアかプレッセが出店してもよさそうなものですが、グループの垣根を越えてその時々で最適なパートナーと組むのが最近の傾向のようです。

また昨年末には表参道駅内に紀ノ国屋のコンビニ版ОМОが出店しました。後発グルメスーパーが続々と駅ビルを席巻する動きに対抗してエキナカ出店したものと見られます。

最後になりましたが、ナショナル麻布や日進ワールドデリカテッセンといった外国人向けスーパーも忘れてはならないでしょう。日本食の食材は限られている代わりに、チーズやワイン、各国の食材、調味料などのセレクションが充実していることから、外国人だけでなく、日本人グルメのあいだでも昔から人気で、最近ではとみに日本人客の割合が増えているようです。しかし、店側は頑として外国人顧客をメインターゲットに据える方針をシフトする気配はありません。

以上、いろんなグルメスーパーを紹介してきましたが、これだけ存在感を増してくれば、都会の食のクオリティを上げるのに一役買ってくれるのは間違いなく、今後の動きにも引きつづき注目したいと思います。

卸売

「情報力」が命運を分ける

大規模化していく食品卸売

次はちょっと毛色が変わりますが、食品卸売の世界を見てみることにしましょう。卸売りはごぞんじのようにプロ向けなので、一般消費者にとっては最もなじみが薄く、実態の見えないブラックボックスと化しているのではないでしょうか。量販店やスーパー、八百屋といった食品小売と、レストラン、料亭、給食、惣菜メーカーなどの業務筋がおもな売り先となります。つまり卸売とは生産者やメーカーといったモノを作る立場と、小売や外食といった消費者に直結する立場を結ぶ中継地点にあたり、これが生産者を指す「川上」、小売などを指す「川下」に対して「川中」と呼ばれる理由です。

生鮮食品の場合には、農産物や鮮魚などが生産者からいったん、卸売市場に集められる点が特徴と言えます。

入荷したモノのほとんどはその日のうちに捌《さば》ききらないといけないので、市場は顧客の仕入れ時間に合わせて深夜・早朝も営業しています。生鮮品は販売前日の夕方ごろから入荷が始まり、荷の集まるピークは夜中の二時ごろ。セリは朝の四時ごろ行われ、顧客が買いつけに来るのは朝の六時ごろというのが一般的です。

一方、加工食品の場合は、メーカーから卸問屋を経由して小売や外食に届きます。その間、一次問屋、二次問屋と何段階を経るかは地域や事情によってさまざまです。

ところで食品流通の世界でも「中抜き」という言葉が飛び交うようになって久しくなりました。十五年ほど前になりますが、食品メーカーの営業戦略立案のお手伝いをするために幾つもの食品卸を回ったことがありましたが、確かに、川中は当時あまり機能していませんでした。卸の機能は、信用決済などの商流と商品を右から左に流す物流だけに限定され、川上や川下に対する情報力や提案力はほとんどありませんでした。薄いマージンで伝票書きと肉体労働に明け暮れる自転車操業状態でしたから、IT化が進めば放っておいても淘汰されるであろうと思ったものです。それ以降確かに卸業者の数は減少の一途をたどっており、零細問屋では後継者不足が深刻です。しかし、かつて「冬の時代」と言われた商社がなくならなかったのと同じで、集約化こそ進んでも、卸売の機能そのものがなくなることは考えにくく、それが証拠に、菱食《りょうしょく》、国分、雪印、明治屋といった力のある超大手食品卸は合従連衡《がっしょうれんこう》を繰り返し大規模化する一方です。

御用聞きからネット受注へ

そんななか、前近代的な食品卸売の世界に風穴を開けたことで知られるミスミという企業があります。ＢｔｏＢ（業務用）専門の商社ですからあまりなじみがない名前かもしれません。金型部品の世界でカタログ通販による定価販売を導入して大成功、一九九八年には株式市場一部上場を果たし、今では年商一千億円を超え、つねに高収益率を保つ優良企業です。このカタログ通販、定価販売のノウハウを流通の複雑な業界に応用しては、革命を起こしつづけています。

同社が十年ほど前に目をつけたのが外食業界でした。そしてその狙いは、原材料、割り箸などの消耗品、害虫駆除などのサービスなど、外食店に必要なものをすべて一冊のカタログで提供しようというものでした。私はこのとき、この大胆な構想に惹かれて事業の立ち上げに参加しました。

当時、外食向けの多くの卸問屋は昔ながらの御用聞きをしていました。つまり定価はあってないようなものでどこの卸問屋のカタログにも価格は載っていませんでした。すべては顧客との関係、購入規模などを勘案して、営業マンの裁量で交渉によって決められていたのです。ところがこれでは、購買力の弱い、いわゆるザラ場と言われる小規模店にとって、不利な状態がいつまでも続いてしまいます。外食においては規模と品質は必ずしも比例しないのに、勝ち組と負け組が固定化してしまい、再チャレンジをすることすら不可能になってしまうのです。

この点、営業マンを介さないカタログ通販であれば定価販売ですから、相手が誰でも条件は同じです。また、電話一本で翌日には商品が届くシステムなので、営業マンに相手にされない小さな店でも仕入れが円滑にできるようになります。一方ミスミには、営業マンによる御用聞きを前提にした営業活動ではわりの合わない細かい注文をカタログで受けることによって、塵も積もれば山となる注文が入るわけです。

注文の仕組みのみならず、提供するモノにもあれこれ工夫を施しました。小さな店では食材情報を得ることすら容易ではなく、購入規模が小さいため思うままにどんな素材でも調達できるわけではありません。その悩みを解決すべく、家庭用と思われるほどの小さなポーションを一パックから購入できるようにしました。また、ファミレスのようなセントラルキッチンがなく、仕込みに大変な手間と人件費がかかってしまうという悩みに対して、仕込み済み素材、半調理品などを揃えることで対応しました。

あれから十余年……、当初百種類程度だった商品も今では千八百余りを数えるまでになり、カタログ一冊で店に必要なモノがすべて調達できる、ワン・ストップ・サービスが実現しつつあります。その後、ネットビジネスが急速に普及するにつれ、同じようなサービスが続々と生まれています。

そのなかでも今最も注目を集めているのがフーズインフォマートという企業です。ネット上に食品取引のプラットフォームを作り、売り手と買い手を結びつけるという画期的なシステムで、現在では一万二千社あまりが参画しているそうです。前近代的と思われた食品卸の世界も、異業種の参入で少しずつ変わってきているようです。

セリが減っていく

一方、生鮮品の多くは各地の卸売市場に集められます。卸売業者は生産者から委託された産品を全量買いとり、ほとんどすべてをその日に捌《さば》いていきます。生鮮品をタイムリーに、かつ適正な価格で消費者に届けるためには不可欠な機能と言っていいでしょう。

食品卸売市場には、中央卸売市場と言われる公営の市場が全国に七十六あり、その取扱い額は四・五兆円にのぼります（二〇〇三年）。それ以外にも、公営の地方卸売市場や民営市場があります。これらはおもに野菜や鮮魚を扱っている市場で、このほかにも、先にご紹介した、と蓄工場をともなう精肉の卸売市場や、生花の取引が行われる花卉《かき》市場などの専門市場があります。

卸売市場といえば、まず思い浮かぶのは「セリ」ではないでしょうか。卸売業者（荷受け）が真ん中に立ち、商品見本を見せながら独特のダミ声で矢継ぎばやに商品を紹介していきます。周りを囲うようにして立つ、たくさんの仲卸業者が手で合図を出しながら競り落としていく光景は、テレビなどでおなじみかと思います。素人目から見ると、いったい商品がどのタイミングで誰に競り落とされたのか、まったくわかりません。

しかしそのセリも昔に比べてかなり減ってきたそうです。どこの市場でも「相対取引」（事前購買予約）の割合が急速に増えており、セリの仕組み自体が形骸化してしまっていることが原因です。

もう少し具体的に言うと、たとえば量販店のようにエリア内に店舗が数十店もあるような大口顧客となると、その日になって全店分の仕入れ量を確保し、値決めするのでは品揃え上あまりにリスキーです。つまり、店舗の大規模化によって、そのときに市場にあるものをその日の値段で仕入れて店に並べればよいという時代ではなくなってしまったのです。

そもそも消費者からして、スーパーで目当てのものが品切れであることを容赦しません。どんな野菜も季節を問わず店頭に並んでいなければ気がすまないのです。また、スーパーにはチラシがつきものですが、数日前に印刷してしまった値段を当日になって変更するわけにはいきません。予告した価格を何が何でも実現するためには仕入れ値に大きな変動があっては困るのです。

相対取引の割合が増えれば増えるほど、何もわざわざ市場を通さなくてもいいということになってきます。特に、取引量が多い場合には市場を経由せずに直接産地から買いつけることも可能です。実際に量販店や大手外食チェーンでは、取引のロットが大きいため、産地から直接買いつけるほうがコストダウンになるケースもあります。

こうして徐々に、いわゆる市場外取引が増えています。結果的に卸売市場の取扱高は年々減りつづけ、卸業者や仲卸業者の経営を圧迫しているのです。中抜き現象はここでも現実に進んでいます。

しかし、卸売市場がなくなることは考えられません。なぜなら、今後いくら小売や外食の集約化が進んだとしても、すべての商品について産地と直取引することは不可能ですし、一つの商品をとっても、店舗数が多くなれば、一つの契約農家だけで全店舗に安定的に供給することが難しくなってきます。必然的にいくつもの産地と契約を結ばなければならなくなり、その手間をかけるよりも卸売市場を使うのが得策と考えるのが普通だからです。

エスカレートする量販店の要求

量販店にとって、卸売市場には仲卸の労働力という別のうまみもあります。量販店はその購買力ゆえに、納入業者に対してつねに強気な態度で、店にとって有利な条件を取引相手に押しつけることがまかり通っています。本社の担当バイヤーたるやその力は絶大で、全国のメーカーや卸業者が商品紹介のために少しでも面会の時間をとってもらおうと日参しています。

そして一端納入が決まれば、店舗における商品の陳列や店舗改装の手伝い、特売品や宣伝ツールの提供など、厳しい条件が課されます。仲卸に対してもこれは同じです。野菜や魚などの生鮮品を、すぐに店頭に並べられるようにパック詰めやラベル貼り済みの形で納入することを要求するのです。ところが卸売市場にはそのような加工施設が必ずしもあるわけではありません。市場に行くと、家族経営の零細な仲卸が地面に野菜や魚を並べて袋詰めしている光景に出くわすことがありますが、あまりに前近代的で驚いてしまいます。

もっとも、最近では、衛生管理、温度管理が厳しくなり、冷蔵・冷凍の一貫流通（コールドチェーン）が標準化してきましたから、このような光景は遅かれ早かれ見られなくなるはずです。量販との取引を重視するならば量販の要求する基準の設備を整えていかざるを得ないからです。小売にとっては、コールドチェーンにより店頭での商品の日持ちが伸び、それだけロスが少なくなるというメリットがあります。また、消費者にとっても安心・安全度が上がればありがたいことです。今や熱帯圏かと思うような大都会の酷暑のなか、数時間でも野ざらしになっていたら、葉ものはたちまちしおれてしまうし、鮮魚などの品質劣化も心配です。

このように、量販店は今や卸売市場存続のためのよすがとも言える大切な取引先ではありますが、その要求はエスカレートする一方です。カット野菜などの加工場を市場内に作る動きさえあります。卸や仲卸の経営はただでさえ脆弱なのに、これらの施設やインフラのコストを誰が負担するのか、という問題が浮上しています。

公営市場の場合、開設者は地方自治体ですから、施設整備には税金が投入されますが、卸業者や仲卸業者などの受益負担者にも市場使用料の値上げという形で負担は跳ね返ります。ただでさえ経営の苦しい彼らにとってはこれが深刻な打撃となり、経営が立ちいかず、やむなく廃業に追い込まれるケースも少なくないようです。

規制緩和から始まる競争

卸売市場はこれからどうなっていくのでしょうか。モノを左から右に流しているかぎり、民間の配送業者にはかないません。荷物のバーコード管理が進み、仕分け・運搬が機械化された民間企業では、人員は四分の一程度ですから競争力が格段に違います。前近代的な経営でこれまでやってこれたほうが不思議で、公営市場が護送船団方式と言われても仕方ない部分もあります。

ところで、保護行政下にあった食品卸売業界にも、規制緩和の動きがようやく少しずつ出てきました。具体的には平成二十一年に導入が予定されている委託手数料の自由化によって、初めて本格的な競争原理が生まれるものと注目されています。

これから始まる競争のなかで生き残っていくためには、各市場が何らかの付加価値をつける必要があります。たとえば量販店向けの加工設備を完備しているとか、コールドチェーンを完備していて生鮮品の日持ちがいいという程度では、遅かれ早かれ標準装備となってしまうでしょう。

むしろ、グルメ素材の集荷が得意であるとか、つねに新しい産地を開拓し、珍しい産品を供給できるといった類の情報力が勝敗の決め手となるように思います。産地情報が豊富で面白いものが集まっているとなれば、都会のグルメスーパーやこだわり外食店が取引したくなるのは当然です。先述のように、彼らは自分たちで素材を発掘するのに大変な労力と時間を費やしており、産地と直取引をするのはリスクが大きいからです。

また、食品スーパーが青果の品揃えをする場合に、季節や天候によっては一定数の種類と量の確保が困難で店頭が品薄になってしまう可能性がありますが、全国の産地とのネットワークを活かして、品揃えを助けてくれるバックアップ体制があれば、これほどスーパーにとってありがたいことはないでしょう。

さらに、公的立場にあることを最大限に活かした役割が考えられます。これまでも台風や冷夏で作物の需給バランスが崩れたときには、産地情報を駆使して市場がある程度は正常化を図ってきました。また、生鮮品が全体として安定供給されてきたのも市場のおかげと言えます。今後はこれに加え、食品流通の川中で大いにチェック機能を発揮するべきではないでしょうか。

たとえば、集荷の段階で食品の安全性をチェックすることはできないでしょうか。すでに問題が顕在化した食肉の場合は、ここ数年で急速にトレーサビリティー・システムが普及しました。トレーサビリティーとは追跡可能という意味で、末端で売られている食肉の生産者や流通過程を逐一把握できる仕組みを指します。さらにBSE検査体制も確立されつつあります。青果や鮮魚においても、何らかの形で安全性チェックがなされることが理想的です。「○○市場」を通ったということが安心・安全の保証になるとしたら、市場の付加価値はぐんと高まり、市場を経由させたいという要望も増えることでしょう。

まったく違うタイプの活路を求める市場もあります。市場の一部を消費者に開放する動きが各地で見られます。全国一の生鮮取扱量を誇る東京の築地市場では、場外にも乾物店や包装資材店などの飲食関連業者が立ち並び、昔から一般客にも利用されてきましたが、最近では場内の寿司屋群が大変な人気で、週末には長蛇の列ができています。確かにネタが新鮮で美味しいし、値段もリーズナブルです。市場に買いつけに来る人のために早朝から開いているので、時差ボケで早く目覚める海外からの観光客の定番コースになっているそうです。もっとも、築地もかなり老朽化が進み、時代のニーズを満たせなくなったため、まもなく豊洲に移転することになりました。最初は同じ場所で建て替えを検討したものの、工事のために市場機能を長らくストップさせるのは得策でないという判断だったそうです。

築地以外にも、一般客を積極的に呼び込もうとしている市場があります。青森県の盛岡市場ではホールセールクラブを併設しました。現金決済問屋（キャッシュ・アンド・キャリー）で表向きはプロ向けですが、年会費を払って会員登録さえすれば一般客でも利用することができます。

また民間市場では、一般客向けの物販や飲食を充実させて観光客を呼び込もうという動きがいっそう盛んになっています。たとえば北海道の釧路市場では「勝手丼」が有名です。好きなサイズの白米丼飯を買ってきて、その上に名物のウニ、イクラや刺身を選んで好きなだけ乗せ、量に応じて課金されるのですが、これが驚くほど安くて美味しいのです。同様に山口県の唐戸市場でも、握り寿司を好きなように選んでその場で食べるのが人気です。

一方で、市場は3K職場と見られており、人集めが難しいそうです。激務であるうえに昼夜逆転の生活を強いられるのですから無理はありません。一般客に開放されることで人気のスポットとして認知され、活気が出るのはその意味でも決して悪いことではないでしょう。

食品メーカー

「商品」としての「食」

加工食品なしではやっていけない!?

いよいよ食品流通の川上に差しかかってきました。次は食品メーカーについて考えてみましょう。

今や口にするものの半分近くが工場で作られた加工食品であることは揺るがぬ事実です（P49図）。もっとも、牛乳をはじめ、豆腐や納豆だって加工食品ですし、ケチャップなどの調味料や野菜の水煮缶、冷凍うどんなど、考えつく食べ物のほとんどがそうなのですから、加工食品を食べないで暮らすことは不可能と言っていいでしょう。

加工食品と一口に言っても、その中身は千差万別です。加工度や材料の数によっていくつかに分類されます。そして製造元の食品メーカーも、味の素のような食品商社とも言うべき総合メーカーから、和菓子一筋とか、製麺一筋といった職人気質の専業メーカーまでさまざまです。ですから、食品メーカーと一括《くく》りにして話を進めるには無理があるのですが、ここではいわゆるナショナルブランドの食品メーカーを想像して読んでいただきたいと思います。

私自身、加工食品には日々お世話になっています。特に、手作りすべきだと思いながらつい使ってしまうのがドレッシングです。先にも登場した男の料理代表の夫からすると、こういうところは許しがたいのでしょうが、毎食毎食、何から何まで手作りしていたら、いくら時間があっても足りません。

それでも最近は、加工食品を使う機会がずいぶん減ってきました。冷凍のおかずなどは忙しい朝のお弁当作りにはとても便利で以前は使っていたのですが、あることをきっかけにいっさい受けつけられなくなってしまいました。

においの犯人は……

お弁当箱はギュウギュウに詰めるのが鉄則です。というのも、隙間があると子どもが運んでいるあいだにおかずが動いてしまい、いざ食べようとフタを開けたときには片寄って悲惨な姿になってしまうからです。そんなわけで、お弁当箱のスペースを埋めるおかずが足りなくて朝慌てることがないようにと、以前は冷凍のおかずを冷凍庫に何かしら常備していたものです。

ある日、はりきってお弁当を作ったら「あれ？　今日はお弁当いらないよ」と子どもに言われ、おもいきり脱力感を味わった朝がありました。結局そのお弁当は自分で食べることにしました。昼になっていざフタを開けてみると、お弁当全体からなんだかイヤなにおいがしたので「何だろう?」とあれこれ嗅いでみると、犯人は冷凍ハンバーグでした。朝、電子レンジで加熱した直後にはまったく感じなかったのですが、冷めたら強烈なクセのあるにおいを放っていて、ほかのおかずにまで移ってしまっていたのです。

驚いてパッケージをチェックし、愕然としました。表に「ビーフ一〇〇％」「着色料・保存料・化学調味料不使用」と目立つ表示あるのですが、裏の一番下に「食肉含有率四〇％」と書いてあったのです。つまり、ビーフ以外の肉は使っていないが、ハンバーグの六割は肉以外のものだということです。

うちでハンバーグを作れば、玉ねぎやつなぎを除いた肉の割合は、少なく見積もっても七〇％はいくでしょう。両者の違いは三〇％。ここに何やらにおいの元があるに違いないと思い、さらに原材料をチェックすると、でん粉、豚脂、ビーフオイル、甘味料などの記載がありました。においの元がこれらかどうかはわかりませんが、少なくとも家庭では絶対に入らないものばかりです。

念のため、メーカーに電話で聞いてみましたが、においに関する問い合わせはこれまでに一度もないとのことでした。たまたま自分の作ったお弁当を食べることになったから気づいたのですが、お弁当を作るだけで食べる機会のない母親たちは加熱した冷凍おかずが冷めたときの不自然なにおいを知らないのではないでしょうか。一度でも食べる機会があったら、二度とわが子に食べさせたいとは思わないでしょう。そしてもし子どもたちがこれを何の問題もなく美味しいと思って食べているとしたら、問題はさらに深刻です。味覚や嗅覚がすでにおかしくなっているのかもしれません。

この経験を契機に、冷凍食品をはじめとして、加工食品のにおいに敏感に反応するようになり、少しでも違和感を覚えるものは使えなくなりました。不思議なもので、冷凍食品に頼らないと決めたらそれなりになんとかお弁当箱を埋められるものです。特に子どもが食べるものとなれば、材料がはっきりわかっているものに限りたいものです。前の晩のおかずの残りでも、冷凍食品よりはずっとマシだと思います。前の晩のおかずも冷凍食品だったり、テイクアウトのお惣菜だったりしたら手の施《ほどこ》し用がありませんが、悲しいかな、都会の家庭ではおおいにありうるかもしれません。

食品メーカーはなぜ変なものを作るのか

いったん「食」を商品として扱い出すと、とたんに価値基準が変わってきます。母親が家族に食事を作る場合は、「美味しいか」「体にいいか」が最も重視されるでしょう。もちろん、コストも考えないわけではありませんが、副次的な要素に過ぎません。一方、メーカーが商品を作って売り出す場合は、当然ながら「儲かるか」どうかが焦点となります。対象が食品であっても、メーカーの感覚は洗剤や化粧品、車、テレビなどと何ら変わらないのです。

当然ながら、売るためのマーケティング施策が次々と打たれます。商品のネーミングに始まって、実にさまざまなプロモーションツールが考案されます。懸賞をつけてみたり、ときにはセンセーショナルなテレビコマーシャルを打つこともあるでしょう。実は食品メーカーは広告代理店の上顧客なのです。

パッケージはことさら重要です。星の数ほどある競合商品といっしょに店の棚に並んでも、自然に目に飛び込んでくる印象的なものでなければなりません。しかも食指が動くような色を採用するなどあれこれ気を配ります。

マーケティングコストをかければそれだけ、原材料コストを抑えることになります。素材のランクを落とす、一円でも安く加工してくれる工場に委託する、日持ちを長くしてロスを少なくするなど、やり方はいろいろあります。こうして商品となった食は本来の食からどんどん乖離《かいり》していくのです。

メーカーの論理に長く晒《さら》されていると、開発担当者の、一消費者としての感覚がしだいに麻痺していくようです。売るため、コストを下げるためにあれこれ利害調整していく過程で、味や栄養の面で多少妥協しても致し方ないと割りきれるようになるのです。また、仮に担当者にモノ作りへのこだわりがあったとしても、試作品をいざ生産ラインに乗せる段階になると、工場生産の専門家がレシピ開発にあたるので、開発担当者の手を離れてしまいます。

そこからは完全に、料理ではなく食品化学の世界です。商品イメージを大量生産ベースで忠実に再現するために、高度な専門スキルが要求されます。まずは商品コンセプトやターゲット顧客に適した定価が設定され、そこから原料コストがはじき出されます。作りたい味にできるだけ近づけるために、どんな素材をどれだけ調合するか、どんな調味料を使えばいいか、どのくらいの時間加熱するか、品質を保つにはどんな添加物を使えばいいか、美味しそうに見えるにはどんな着色料を使うかといったことが検討されます。

その結果できあがったものについて、開発担当者が評価をしたり再調整を依頼したりするわけですが、所詮、文系の人間にとって食品化学はブラックボックスですから、最終的には理系の専門家に任せるしかありません。自分の思い描いていた商品に近いものが仕上がってくれれば、結果オーライとせざるを得ません。そしてそれ以降は効果的なプロモーションを打って、ひたすら販売に専念することが使命なのです。［図4］

これは以前、外食産業向けの商品開発を担当したときに垣間見た現実です。

当時私は、外食産業にとってどんな商品があったら便利かを知るために、レストランの厨房に入らせていただいたり、店のメニューを研究したりしながら商品アイデアを練っていました。そしてそれらのアイデアを協力メーカーに試作してもらったのですが、完成品を評価することはできても、その製造プロセスを完全に理解するのは不可能でした。原材料コストや製造工程、衛生基準などの情報開示をメーカーに義務づけ、当然ながら工場も

［図4］　加工食品の商品開発プロセス

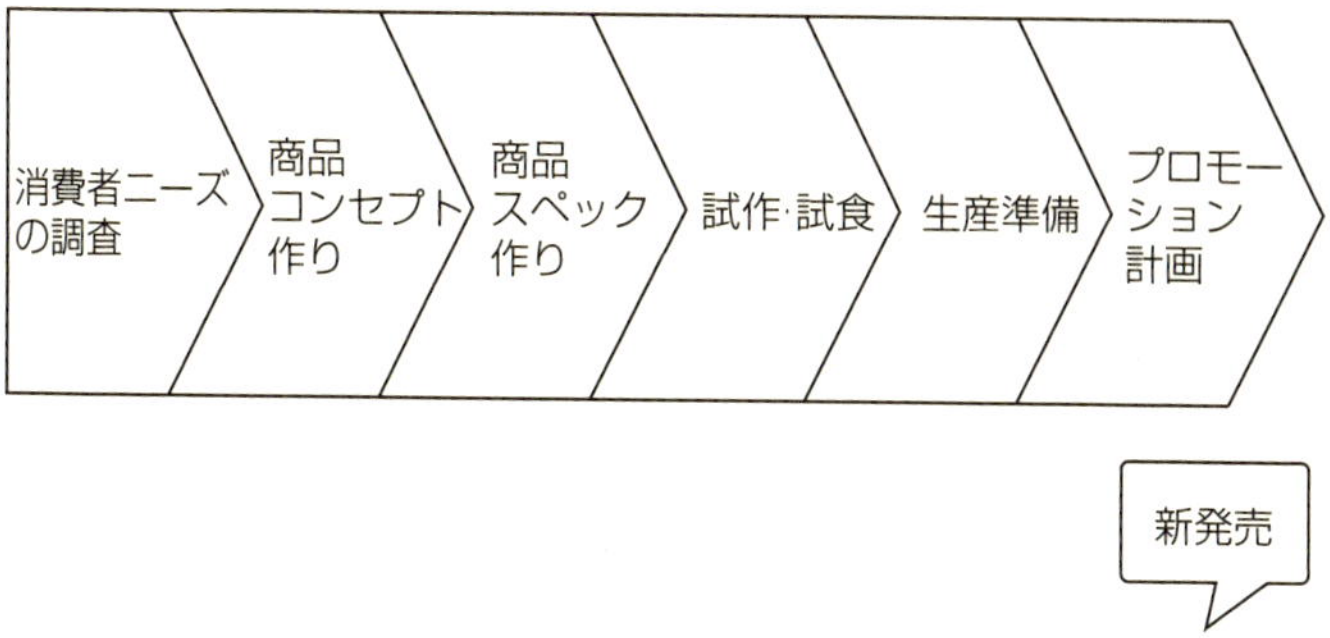

見学するのですが、最後はメーカーの言うことを信じるしかないのです。

素材のクオリティについても干渉できる余地は限られます。メーカーが実際に使っている原料の等級や仕入価格までチェックすることはなかなかできないからです。多くの食品メーカーが製造を外部に委託していますから、このようなジレンマを抱えているケースは多いはずです。

格安のPB（プライベートブランド）が流行ったとき、当時は流通コストの削減により価格を下げたことが画期的だと騒がれたのですが、NB（ナショナルブランド）に比べてクオリティが劣るという評価がしだいに拡がり、消費者にそっぽを向かれてしまいました。

要は原料のランクを下げたり、製造コストを操作することによって低価格を実現していたわけで、簡素化したのは商品パッケージだけではなかったようです。実際、豆腐や牛乳などの日配品や調味料などのＰＢを試して、美味しいと思ったことがありません。もっとも最近では、汚名挽回のために品質改善に努めている企業もあるようです。なかにはＮＢメーカーにＰＢの下請け製造を委託することもあるそうですから、ＮＢ並みのクオリティが期待できるのかもしれません。

加工食品との正しいつき合い方

こうしているうちにもまた、老舗食品メーカーの不祥事が発覚しました。大手菓子メーカー不二家が、消費期限の切れた材料を使っていたというものです。

二〇〇〇年の雪印集団食中毒事件で食品メーカーは品質安全管理の学習をしなかったのでしょうか。どんなに強いブランドも一回事件を起こせば一夜にして無に帰してしまうことを。

そろそろ私たち消費者は食品メーカーをもう少し疑ってかかってもいいのではないで

しょうか？　もちろん、すべてのメーカーが悪いと言っているわけではありません。なかにはこだわってモノ作りを続けているすばらしいメーカーもあります。しかし、全般的に言えば、食品メーカーは健康や命に関わる商品を作りながら収益を上げつづけるという、難しいバランスのなかで成り立っている商売なのです。そして残念ながら時々、方向を見誤る可能性があり、現にこれまでに何度か、耳を疑いたくなるような不祥事がありました。ひどい場合になると、無機質の工業製品を扱うような感覚しか持ち合わせていないメーカーもあります。産地や製造年月日の偽装事件などは氷山の一角であって、表面化していない問題もたくさんあることが推察されます。

コストを下げるためのさまざまな施策、たとえば海外の工場に生産を委託したり、海外から食材を仕入れたりすることが増えてきましたが、いったいどこまで衛生面や安全性のチェックがなされているのでしょうか。また、使っている添加物や農薬の人体への複合的な、あるいは長期的な影響はどこまで検証されているのかまったくわかりません。個人的には過去十年間でなぜこれだけアレルギー症状を訴える人が増えたのかとつねづね疑問を感じているところです。ファーストフードの浸透や加工食品の過剰摂取と関係があるのではないかという疑いが頭をもたげても、それを実証する術がなく歯がゆいばかりです。

私たち消費者としては、加工食品を使う際にもできるだけホンモノを見分けるようにしたいものです。そもそも、便利だからといって安易に加工品に頼るべきではないでしょう。また、メーカーのマーケティングに惑わされないようにしたいものです。

たとえば、「素材の味を生かした」等々の表示が最近目立ちますが、ご飯のふりかけにまで「三陸産の鮭」「焼津産の鰹」といった表示があって驚いてしまいました。本当に表示どおりの素材を使っているのかもしれませんが、所詮はカスのような部分を乾燥して混ぜているだけだということは、よく考えなくてもわかることです。

折りしも昨年、安部司氏による『食品の裏側』（東洋経済新報社）という本がベストセラーとなりました。「食品添加物の元トップセールスマンが明かす食品製造の舞台裏」という触れ込みで、思わず食い入るように読んだものですが、さすがに現場のプロの言うことだけあって説得力のある内容でした。なかでもありがたかったのは、一般消費者にもホンモノを見分ける具体的な方法を示している点です。「食品表示をよく見て、家庭では使わないものがなるべく入っていないものを選ぶ」という実に簡単なもので、明日からでもすぐ実践できることですから、皆さんもぜひ習慣づけることをお勧めします。

生産地

都会から見えない「農」

切り離された「農」

いよいよこの章を締めくくるにあたり、食流通の川の最も川上に位置する生産地について考えてみたいと思います。生産地と言っても、農産、水産、畜産と、それぞれ事情は違いますが、ここではおもに農産物の生産現場を中心に考えていきます。

通常は「食」と「農」は別々に扱われることが多いのですが、両者は食流通の川でつながっているのですから、本来一連のものとして考えるべきでしょう。都会人の場合、普段の生活が「農」と切り離されていることが「食」のリアリティを失う一番の原因ではないかと私は考えています。

都会では、生産地に対して昔ながらのステレオタイプのイメージしか持っていない人がほとんどです。もっとも地方出身者の場合はまだマシかもしれませんが、彼らも都会での生活が長くなるとだんだんに都会の食生活に疑問を感じなくなるようです。私自身も都会で生まれ育った典型的な都会人ではありますが、仕事で地方の取り組みについてお話を聞く機会が多いため、最近は地方に対する認識を新たにさせられることも少なくありません。

地方の話をする前に、まずは都会で起きている地方特産品ブームについて触れておきましょう。

「おとり寄せ」ブーム

「おとり寄せ」というと何だか「お受験」に似たおかしな響きの日本語ですが、都会ではすっかり定着した言い回しとなりました。いわゆる地方名産品を、消費者が電話やインターネットで直接産地からとり寄せることを指します。

本屋に行くと「おとり寄せ」カタログがずらりと並んでいます。料理研究家や芸能人など、その道の通が、お気に入りの地方名産品を紹介するだけでなく、生産者の連絡先が書いてあり、直接とり寄せができるようになっている情報誌です。名産品の中身は銘菓、酒、漬物といった加工品から、青果・水産・畜産などの生鮮品まで実にさまざまです。

バブル崩壊後あたりから、企業間で虚礼廃止の傾向が広がり、個人間でもお中元・お歳暮の習慣がだいぶ縮小されました。同時に、以前は大事な人へのお中元・お歳暮といえば、百貨店から贈るのが正統派とみなされていたものですが、今ではそういった横並び的なやり方は好まれなくなってきました。むしろ、とっておきの地方の逸品を直接産地から送るほうがカッコイイし気が利いていると思うのが今の都会人です。

かくいう私も、お世話になった方々へのお中元・お歳暮用に、地方の蔵元から日本酒を直送しています。以前、知人にいただいて飲んだらあまりに美味しかったので、折々にとり寄せるようになったのがきっかけです。

最近では贈答用だけでなく、自宅用にわざわざ地方から食材をとり寄せることも珍しくなくなりました。友だちを集めて鍋パーティーをするために、北海道からたらば蟹をとり寄せる人もいるそうですが、楽天のネットショッピングでは北海道の「北国の贈り物」という蟹の卸業者が三年連続で「ショップ・オブ・ザ・イヤー」を受賞しているそうですから、それだけ需要が多いということでしょう。

私もここ数年、高知県馬路村の「ごっくん馬路村」という柚子ドリンクにはまっています。スーパーに行けば輸入ものから何から、何十種類の飲料があるというのに、真夏はひときわ後味のすっきりした「ごっくん」以外は受けつけないようになってしまいました。東京ではごく限られた店でしか買えないので、はるばる四国からとり寄せています。

うちの家族だけでなく、全国に「ごっくん」の中毒患者がいるようで、二〇〇三年時点で年間売上は七百万本に達しているそうです。一本百円でも、人口千二百人の柚子しかない小さな山村にしてみれば一大ビジネスというわけで、過疎の山村の地域再生モデルとして有名です。

行列のできる「アンテナショップ」

ところで、おとり寄せに限らず、地方物産ブームが都会で連綿とつづいているようです。首都圏には全国都道府県のアンテナショップが次々と進出し、人気を呼んでいます。

たとえば有楽町の交通会館には北海道を始め、沖縄、秋田、富山など、五つのアンテナショップが入居しています。また、東銀座の歌舞伎座前には、岩手県のアンテナショップ、「銀河プラザ」がありますが、これらの店を平日の夕方や週末にのぞいてみると、そ

［図5］ アンテナショップの活況

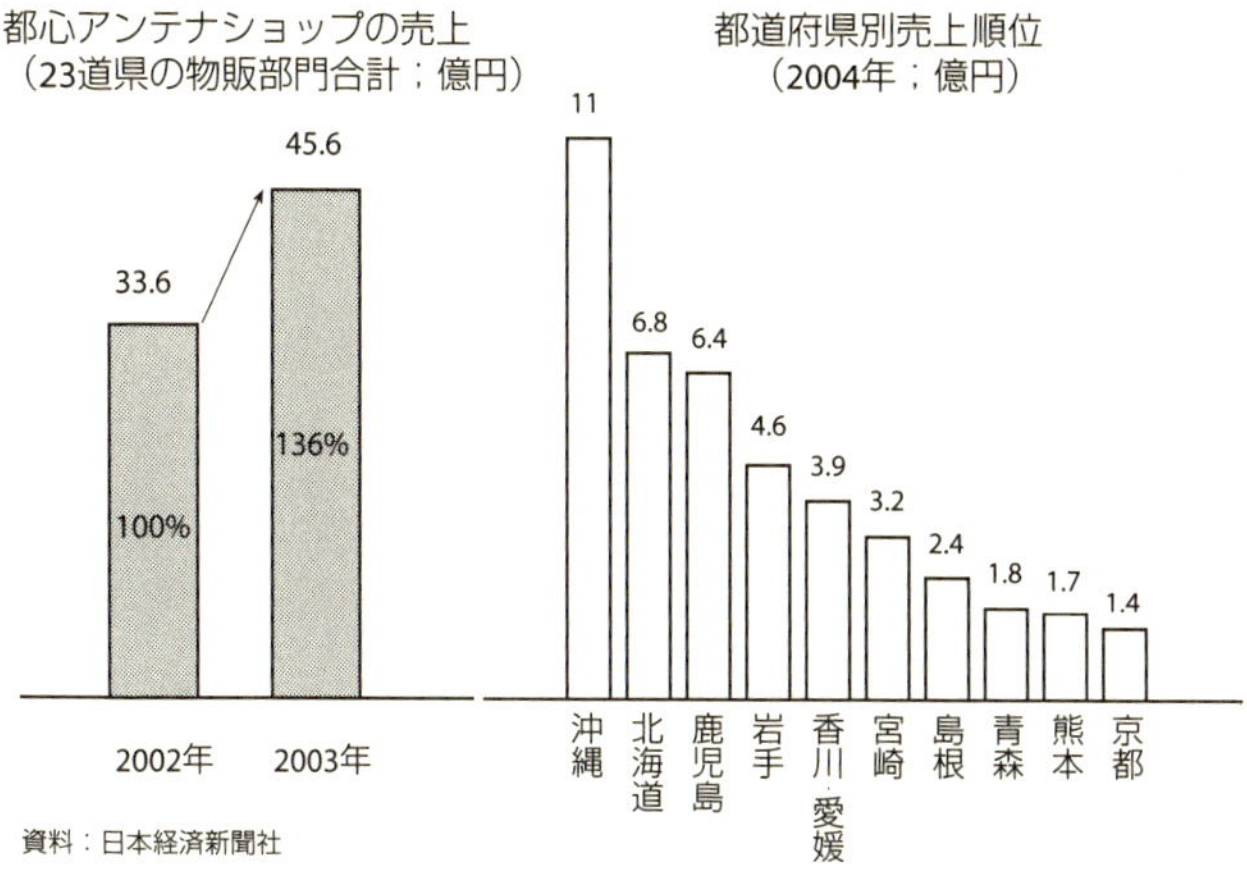

資料：日本経済新聞社

の盛況ぶりには驚くばかりです。実際、都心にある二十三都道府県のアンテナショップの売上データを見てみると、確かに二〇〇三年で四十五億円強と前年比三十六％増の売上をあげています。［図5］

なかでも北海道の「どさんこプラザ」は大人気で、いつ行ってもバーゲン会場のようにごった返しています。なかでも団塊世代前後の男女の姿が特に目立ちます。店内にはじゃがいもや玉ねぎといった農産品、鮭や昆布などの水産品、ヨーグルトやチーズなどの酪農品、銘菓など、北海道を代表する特産品が所狭しと並んでいます。さらに季節によって、夏は夕張メロン、秋はとうもろこしといった旬の直送品が並びます。現地直送品の注文代行も人気のようです。店の片隅にはソフトクリームのスタンドもあり、北海道の味をその場で味わうこともできます。店内にある菓子などの加工品は、道内でしか買えないものがほとんどです。有名な六花亭のチョコレートやロイズの生チョコも、催事でもないかぎり東京ではここでしか買えません。それにしても、北海道というのは食が豊かだと改めて実感します。うらやましいことに食料自給率は百八十％以上だそうです。

北海道にひけをとらないのは沖縄の「わしたショップ」でしょう。こちらは多店舗展開が特徴で、都内では銀座、上野、日暮里の三店、全国に二十二店舗を構えています。店内は沖縄の香りに溢れ、どちらかと言うと若い客層が目立ちます。ゴーヤやシークワーサー、サーターアンダギーといった特産品が並んでいます。ウコンなどの健康食品が多いのも特徴です。ちょっと前までは無名だったように思えるこのような特産品が、いつの間にか都会で市民権を得ているのには驚くばかりです。

「物産展」におし寄せる団塊世代

賑わっているのはアンテナショップだけではありません。デパートでは年がら年中、地方物産フェアが行われています。これは今に始まったことではなく、古くは一九五〇年代から行われていたようですが、時代が変わっても人気が衰えないばかりか、最近は都会の地方物産ブームを受け、再び脚光を浴びています。

昔は物産展といえばデパートの催事のなかでも中心的存在で、収益よりもむしろ集客が目的でした。いわゆるシャワー効果と呼ばれ、最上階の催事場にさえ足を運んでもらえば、下に降りるついでに買い物をしてもらえるという狙いがあったのです。

しかしバブル崩壊後、百貨店の経営が厳しくなり合従連衡の時代に入ると、事情は大きく変わりました。何をおいても坪効率が優先されるようになり、シルバー層向けの、のどかな地方催事は真っ先に合理化の対象となったのです。その結果、物産展はしだいに北海道、沖縄、京都といった人気地方だけに絞られていき、どこの百貨店でも同じようなフェアばかりになってしまったのです。

出店者も以前に比べて必死です。以前だったら東京のフェアに参加すること自体に意義がある、といった感じでしたが、今はしっかり売上をあげることが命題です。そして買う側はもっと変わりました。かつては時間的余裕のあるシルバー層が中心だったのに対し、今や団塊世代を中心とする元気な中年男女がこぞってフェアに押し寄せ、お目当ての地方名産品を買い漁る光景が見られます。シャワー効果どころか、完全な目的買いです。

デパートでもやはり北海道がダントツの人気です。物販だけではなく、飲食コーナーの充実度もトップクラスと言えるでしょう。目玉は道内の海産物がてんこ盛りになった海鮮丼です。イクラ・ウニ・鮭・蟹などが器から大きくはみ出ている様子は見た目にもいかにも美味しそうで、これ目当てに長い行列ができるのもうなずけます。岩手フェアでは盛岡冷麺の店が出ていましたが、このように普段、東京ではなかなか食べることのできない本場の味を楽しめるのも、グルメ志向の都会人にはたまらない楽しみなのです。

ホテルでも人気の地方食材

ところで、地方物産フェアは決してデパートだけの専売特許ではなく、ホテルでも頻繁に開催されています。ただしこちらは物販よりも、むしろ飲食が中心である点でデパートと大きく違っています。

ここ数年で都内に外資系のホテルが次々とオープンしました。「二〇〇七年東京ホテル戦争」と言われ、直近では汐留のコンラッド、日本橋のマンダリンオリエンタル、少し前では東京駅のフォーシーズンズ。この先も六本木にリッツカールトン、日比谷にペニンシュラホテルのオープンが予定されています。

これらのホテルの共通の特徴として、飲食や宴会施設よりも、宿泊に力を入れていることが筆頭にあげられます。ほとんどの場合、オフィスビルの上層階だけが宿泊施設になっていて、外からはなかなかホテルの存在が見えにくいのも共通しています。スイートルーム一泊素泊まりで六万円といった、かなり強気な価格設定が標準的なようですが、センスのいい都会的な空間はアジアンリゾートを髣髴《ほうふつ》とさせ、若い女性の垂涎《すいぜん》の的です。

一方、外資に宿泊客を奪われるばかりの国内勢は、生き残りをかけて飲食に力を入れはじめています。この際、いかに宿泊客以外の一般客に足を運んでもらうかが勝負の分かれ目となりますから、企画力がものをいいます。その際の呼び水として地方食材が欠かせません。国内企業にとって外資と大きく差別化できるのは地方産品の調達力、情報力であることは間違いなく、特にチェーン系のホテルにとっては、全国に張り巡らした自社ネットワークを活かすチャンスでもあります。北海道フェア、三陸フェア、越前若狭フェアなど、毎月のようにどこかしらのフェアを開催しているところもあります。

ホテルにはレストランがいくつかあるものですが、フェアのあいだはテーマとなった地方の食材を使った特別メニューが展開されます。一店舗だけの場合もあれば、ホテル内の全レストランが歩調を合わせることもあります。期間は二週間から一カ月程度で、郷土色豊かなオブジェでロビーを飾ったり、その地方出身の芸能人がショーや講演をしたりと楽しい企画が盛り込まれます。

東京・新宿の京王プラザは首都圏でも地方物産フェアに力を入れているホテルの一つです。巨大なビュッフェレストランをはじめ、中華、和食、フランス料理、イタリア料理、韓国料理など、十二の店のシェフがフェアのテーマとなる地方の産品を使って腕を競い合う一大イベントが毎月開催されています。地方の素材を郷土料理そのままに提供することもあれば、都会流にアレンジして新しい食べ方の提案をすることもあり、素材を提供する地方にとってもいい刺激となっています。

ホテルのフェアもご多分にもれず、団塊世代の主婦に人気だと聞きます。彼女たちにとっての最大の関心事は健康ですから、地方特産品、つまりホンモノを使ったメニューは注目の的です。

東京・目白の椿山荘で行われた岩手県フェアで、名産の雑穀を使って今はやりのマクロビオティックコースを提供していたところ、やはり団塊主婦層からのウケが特によかったようです。

特産品を「地域ブランド」に高める

それではいよいよ地方に目を転じてみましょう。

マクロ的に見れば農業離れが進んでいることは今や疑いのない事実です。過去十年で農業従事者が四百万人近く減り、今やその割合は全人口の七%を割っているのが実態です。しかもどこも高齢化、後継者不足が深刻で、あちこちで休耕田が増えている状況を目の当たりにするたびに、日本の農業の将来が心配になります。

しかし地域によっては「食と農」はいまだに基幹産業であり、生産額も雇用人口の割合も大きいという事実にも目を向ける必要があるでしょう。たとえば二〇〇三年の「食と農」に携わる就業人口は北海道の就業者の四十四・二%、岩手県では二十一・八%にものぼります。全国平均は十四・七%ですから比重の大きさがわかります。[図6]ほかに特筆する産業がない地域にとっては「食と農」は再生の要《かなめ》となり得る重要な産業なのです。

［図6］　食品工業従業者数割合

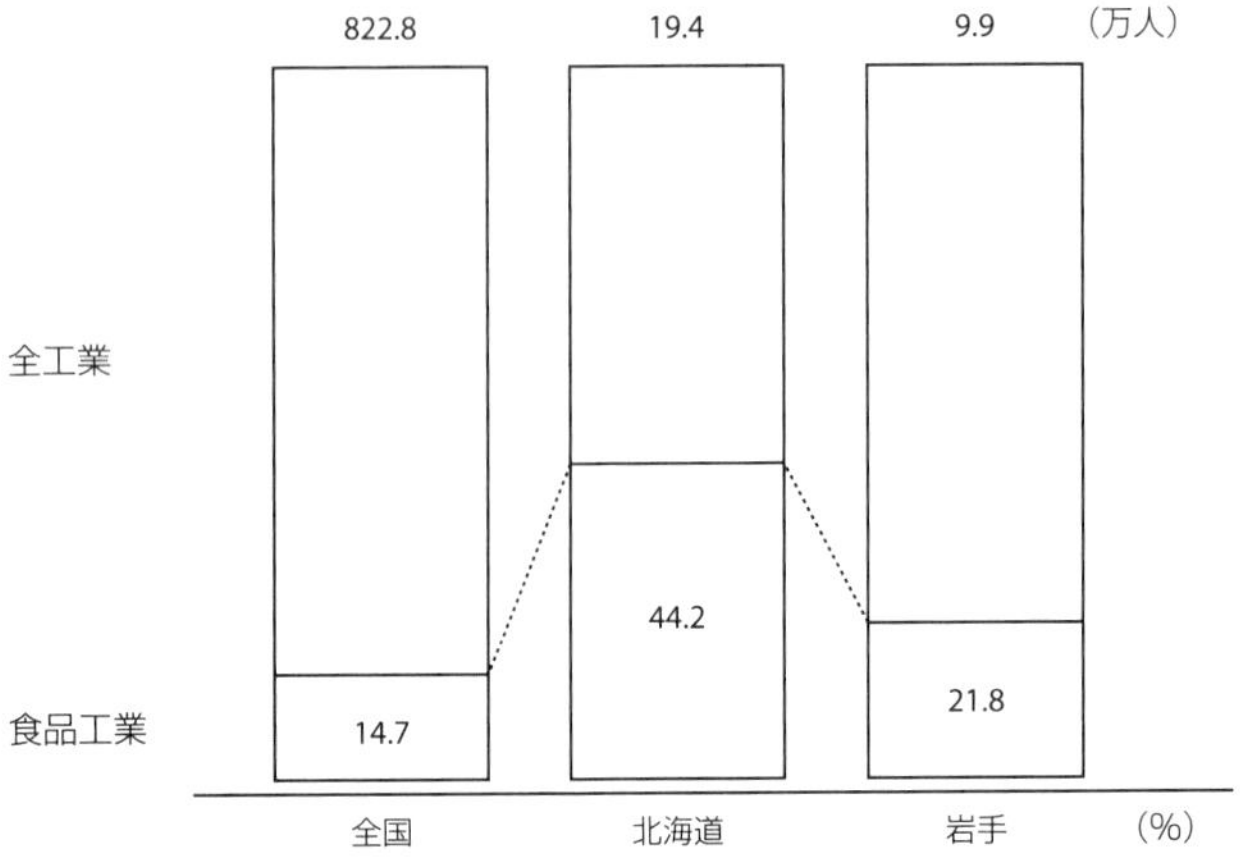

資料：経済産業省「工業統計表」2003年

最近、「地域ブランド」作りがあちこちで盛んになっています。特産品をブランド化することによって付加価値を高め、積極的なマーケティングで外貨を稼ぐ、つまり域外からの収入を得るための強力なツールとして育てようとしているのです。遅まきながら、地方もやっと都会における自分たちの付加価値に気づいたのでしょう。地元ではなんとも思われていないものが、都会の人の目には輝きを放って映り、想像をはるかに上回る対価を払ってくれる時代になったのです。

しかしながら、都会の消費者が求めるものを地方の人が肌で感じとり理解するのはそうたやすいことではないようです。ある地方の、都会での販促をお手伝いしたことがあるのですが、最初に直面した課題は、地元の数ある商材候補のなかで、何を核として売り出したらいいのかわからないということでした。地元の人にとっては長年何気なく口にしてきたもの、目にしてきたものを客観的に評価し、新たに価値を見出すことは難しいのです。都会人が「面白い！」「珍しい！」「美味しい！」と飛びつくようなものも、地元の人には何の変哲もない、どこにでもある当たり前のものにしか映りません。

そして、いったん商材が絞れても、今度はそれをどこにどうやって売ればいいのかわからないという問題が出てきました。生産者も行政もこれまでマーケティングなどやったことがないのですから、急に発想の転換をしろと言っても土台無理なことです。なんと言っても売る相手の顔が見えていないのですから、そもそもあたりをつけることすらできません。多少時間はかかりますが、担当者自身が都会に足繁く通い、スーパーやデパートやレストランなど川下をセグメント別にいくつかのぞいてみて、そこで提供されるモノとそこにいるお客の顔を観察しながら勘を養っていくしかありません。

京都の京野菜、鹿児島の焼酎や黒豚などは明らかにマーケティングの勝利でした。特に京野菜においてはストーリー作り、都会への供給ルート作りの面で優秀なだけでなく、ブランド価値の維持にも気を遣っており、完全に一歩先をいっています。現実には四十三

［図7］　地方特産品のポジショニング

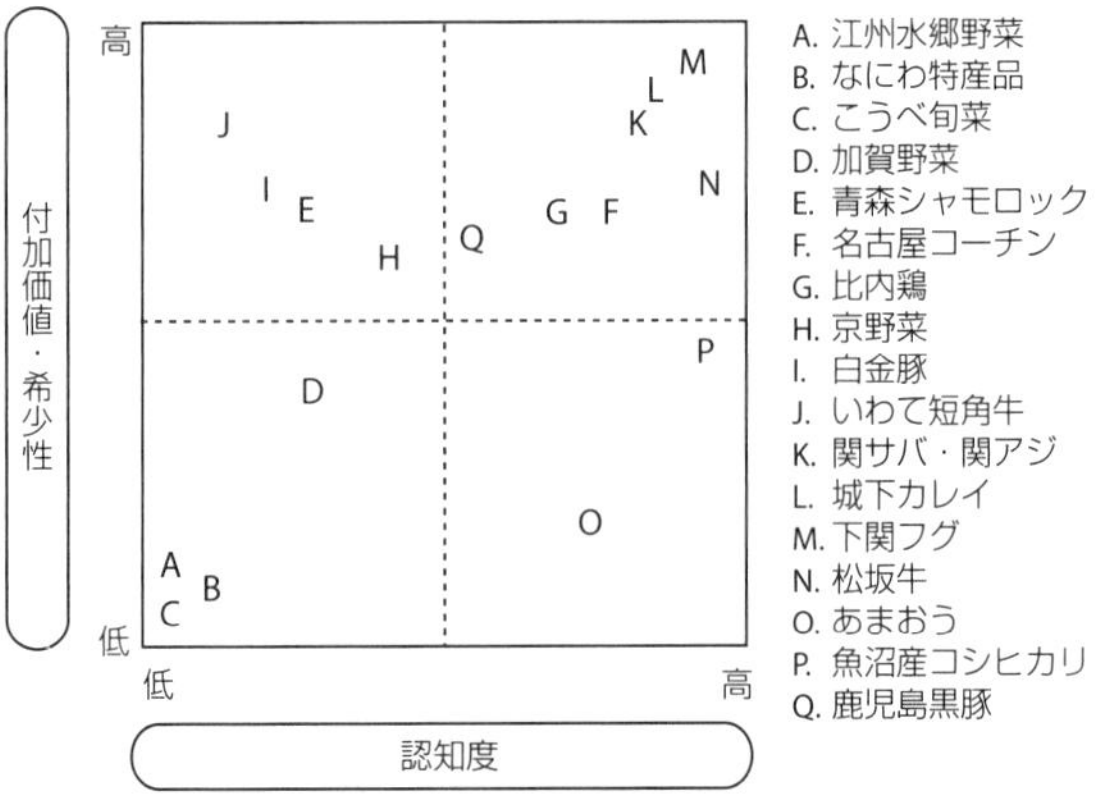

注）各商品の位置づけはあくまで筆者の発想に基づく
資料：インタビュー、文献調査

品目ある京野菜は全国津々浦々で栽培されているのですが、ホンモノを厳格に定義づけ、「京都ブランド認定シール」を貼って差別化しているのです。今では京野菜は東京でもすっかり市民権を得たものと見え、専門コーナーを常時設けているグルメスーパーすらあります。

あくまで私見ですが、ためしに現在出回っているおもな地方特産品を、付加価値と認知度の二軸の座標上にポジショニングしてみました。［図7］下関のふぐや、松坂牛といった成熟したブランドから、正直ほとんど聞いたことのないものまで、ブランドにもいろんなレベルがあることがおわかりいただけるかと思います。

先にご紹介した白金豚や加賀野菜などは刻々と認知度を高め、チャート上の位置も右上に向かって移動中と言えますが、これらの成功例はごく一部で、ブランド名さえつければそれが勝手に一人歩きしてくれるなどという簡単なものではありません。素材自身が持つポテンシャルと、それに合致したマーケティング施策が相乗効果を発揮して初めて、地元を飛び出し全国に羽ばたいていけるのです。ましてや都会の小売や外食の仕入れ担当者のお眼鏡にかない、多くのライバルのなかから選びとってもらうには、足繁く通って根気強く提案をしていくプロセスを避けるわけにはいきません。そしていったんプロに認知されても、さらに一般消費者に浸透し、定着するかどうかは別問題なのです。

ホンモノのストーリーに裏打ちされた「地域ブランド」

石川県の取り組みをご紹介しましょう。昨秋、石川県の農林水産部が主催する、「加賀百万石　錦秋の宴」という催しが、東京築地の浜離宮庭園で行われました。浜離宮は、かつての江戸幕府の御用地で、都会のど真ん中にありながら静謐《せいひつ》な佇《たたず》まいを残すみごとな庭園として有名です。そのなかにあるお茶室で、当地の特産品をいただくという大変かしこまった席が設けられ、有名な料理学校が地元の特産品を使ったすばらしい創作料理を披露しました。招かれていたのは特産品の取引先のホテルや食品小売の方々や料理専門家などが中心でした。

献立は点心懐石で、多種類の料理を少量ずついただくものでした。加賀蓮根やくわいなど、人気の加賀野菜がメニューの各所に散りばめられていました。また、創作料理が中心ながら、現地の老舗旅館、加賀屋の伝統料理も供されました。さらに器もすべて地元特産の九谷焼や輪島塗で、料理をさらに引き立てており、地元に伝わる邦楽のしらべに耳を傾けながら、繊細な料理を堪能することができました。

このような非公開の催しは、一般消費者向けの物産フェアに比べてマーケティング的には効率が悪く、そう頻繁に行われるものではありません。しかし、加賀野菜や加賀料理のように、背景となる文化とセットでのプレゼンテーションが不可欠な場合は、それをしっかり伝えたい人だけを招いて集中投下するという方法も決して悪くはありません。創作料理やしつらえ、そしてそれを凌駕する圧倒的な加賀文化という総合的な演出があってこそ、産品の付加価値を正しく理解してもらえるからです。有力な小売や外食店、料理研究家などがそのあたりを正確に理解し、願わくはブランドのファンになってくれれば、その後のマーケティングにおいて強力な味方になってくれるはずです。不特定多数の一般消費者に向けたマーケティングだけでなく、プロに向けた情報発信も選択肢の一つとしてあり得るいうことです。

ところで加賀の場合、ブランド化においては圧倒的に優位な点があります。加賀文化の伝統イメージです。都会ではホンモノの食であることに加えて、薀蓄、ストーリー、イメージが求められ、都会人はそれに対して法外なお金をつぎ込むことを厭《いと》わないのです。多くの地方がブランド化に焦るあまり、無理矢理とってつけたようなストーリーをくっつけたがるのですが、ニセモノは都会では通用しません。

アンテナショップの舞台裏は……

次に、すでにご紹介した北海道のアンテナショップの舞台裏をのぞいてみましょう。東京有楽町の「どさんこプラザ」には、北海道各地から集められた名産品がところ狭しと並んでいますが、実はこれらは、都会での拡販に向けてしのぎを削った生産地の努力の結晶なのです。

店頭に並んだ商品のほとんどは、北海道庁自らが道内各地から発掘してきたものです。道内十四支庁それぞれに対して出品数のノルマがあり、域内の小さなメーカーを掘り起こしては出品を促し、都会でのテストマーケティングの機会を与えているというわけです。多くの地方アンテナショップが単なるお土産物屋の域を出られないなかで、どさんこプラザは、アンテナショップの本来あるべきアンテナ機能をきちんと果たしている稀有《けう》な存在であると言えます。

テストマーケティングの仕組みは次のとおりです。①出品された商品は三カ月間、店の棚に置かれる。②売れゆきがよければさらに三カ月間そのまま置いてもらえる。③ダメならいったん地元へ戻される。④店側のフィードバックを参考に、再挑戦をしたければそのチャンスが与えられる。こんな具合で三カ月ごとに約三割の商品が入れ替わるそうですから、消費者の反応がストレートに品揃えに反映されていると言えます。

店の運営は民間委託しており、委託先は競争入札で決めます。三年ごとにパートナーが見直されるので、受託企業側も戦々恐々としながら売上・集客アップに励んでいます。商品開発は官、店舗運営は民、と官民一体で都会でのマーケティングを上手に実践している好例と言えるでしょう。

すでにご紹介したように、北海道はデパートやホテルでのフェアにおいても、どこよりも積極的で、地元の漁協や生産者組合、そして半官半民的組織、自治体などが一体となって強力にマーケティングを推進しています。もちろん、この背景には、地元経済が停滞していて、東京で売るしか活路がないという厳しいお膝元《ひざもと》の事情があるのですが。

東京では秋になると、あちこちで北海道フェアが開催されます。首都圏だけで年間六十回は開催されるというので驚いてしまいます。百貨店だけでなく、ホテルやスーパー、量販店、コンビニに至るまで北海道一色です。どさんこプラザには百貨店のバイヤーなど、業界関係者も新商品情報を入手するために頻繁に訪れるそうで、アンテナショップはプロへの発信という意味でも実は大変有効なのです。

日本版「スローフード」

次に、地方における新たな取り組みをいくつかご紹介しましょう。

田舎をドライブしていると、道路脇に農産物直売所を見かけます。これまでは野菜や果物を小さな机に並べ、青いテントを貼っただけの簡易なパターンが主流でしたが、最近は様子が変わってきました。産品が余ったときだけ、気まぐれに売る個人の取り組みではなく、定期的に場所を定め、集団の持ち回りで商品を持ち寄って運営する事業体へと発展してきたのです。

こういった直売所はすでに全国に二千八百カ所（道の駅に付設した直売所も含む）あり、平均売上は八千九百万円、総売上は二千五百億円に達し、なかには年間一億円以上を売り上げるところすらあるそうです。

週末には周辺の住民がクルマで三十分くらいかけてわざわざやってくるほどの人気だそうで、両手一杯に野菜や果物を抱えたお客さんが、直売所のレジに列をなして並んでいる光景があちこちで見られるそうです。直売所ができたことで、近隣の農家が作る新鮮でおいしい農作物や特産品が、地元で手に入るようになったと喜ばれているそうです。というのも、これまでは流通ルートのせいで地元のものが地元の人の口に入らなかったり、極端な場合には、地元農協が出荷した産品が東京の太田市場まではるばる旅したあげくに買い戻され、鮮度をぐんと落として地元の八百屋で売られていたりするというおかしなことが現実にあったそうなのです。

生産者にとっては売上自体もおおいにモチベーションアップにつながりますが、産品の売り先を自分の目で確認できること、喜んで買って帰るお客さんの顔を直接見られることが生産者の意欲向上に一役買っていると言います。また、ＪＡ（農協）が引きとらないような規格外の農産物も店頭に並べることができるため、農家にとっては好都合です。

直売所は農家が昔から自然発生的にやってきたもので、別に目新しいことではないのですが、今の時代だからこそ、脚光を浴びているのでしょう。というのも直売所こそ、最もシンプルな地産地消の姿であり、今はやりのスローフード運動の精神にかなった動きと言えるからです。

ちなみに、「地産地消」とは地元のものを地元で消費するという意味です。また「スローフード運動」とはイタリア発祥の文化復興運動で、食に関して以下の指針を打ち出しています。

①消えてゆく恐れのある伝統的な食材や料理、質のよい食品、ワイン（酒）を守る。
②質のよい素材を提供する小生産者を守る。
③子どもたちを含め、消費者に味の教育を進める。

農業から地域再生が始まる

次に、農業への新たな取り組みが地域再生にまで結びついた事例を三つほどご紹介しましょう。まず、なんと言ってもダントツに有名なのは高知県の馬路《うまじ》村なのですが、一般消費者のあいだでは必ずしも名前が知られていないようです。高知県馬路村は、高知市内から車で二時間ほど奥に入った、人口千二百人の小さな山村です。そこには産業らしきものは何もなく、あるのは柚子だけ、そしてその柚子も、人の手がほとんど入っていない、野生に近いモノであるため、形が悪く不揃いで、果実のまま市場に出すと安値で買い叩かれてしまうような代物でした。それならそのまま出さないで、加工してから出そうと考えたのが二十数年前。柚子を使った商品を次々に開発し、現在では柚子ジュースの「ごっくん馬路村」と「ポン酢醤油　柚子の村」を二本柱に、数十種類の加工品を製造・販売しています。

当初は普通の店舗販売を考えたそうですが、結局、通販を基本とした産直に限定したことでかえって希少価値が高まったようです。電話、メール、ＦＡＸ、郵便に加え、二〇〇

［写真1］

〇年からはネット通販も手がけるなど、チャネルを果敢に増やしていきました。通常だと通販では顧客との接点が限られてしまうというデメリットもありますが、その点、馬路村は田舎の温かさが伝わってくるようなデザインをすべての販促ツールに採用するなど、工夫を凝らしました。馬路村から送られてくる商品カタログには地元の子どもたちが川で遊ぶ元気な姿やお年寄りの笑顔の写真がついていたりして、地元の雰囲気がダイレクトに伝わってきます。［写真1］

今では全国的なブランドとなり、二〇〇三年の馬路村の柚子加工品の販売額は三十億円、通販会員数は三十五万人に達しています。基幹商品である「ごっくん」の売上は七百万本に達しています。人口千二百人の過疎の村にしてみれば、一大産業と言えるでしょう。

　次は、大分県日田郡大山町、大山農協の例です。ここも人口四千人ほどの小さな町で、山あいで米がとれないばかりか、際立った特産品が何もないところでした。そこで一九六一年からまず手をつけたのが梅と栗の植樹でした。その後、果物やハーブなど種類を広げていきました。多品種少量栽培でリスクを分散しようとしたのです。

　栽培した作物を売るための拠点も作りました。バイキングレストランの「オーガニック農園」と農産物直売所の「木の花ガルテン」です。オーガニック農園では、大山の食材を知りつくしている農家のお婆さんが調理・運営にあたっています。直売所に入ってくる食材は日によって違いますが、その日に採れた新鮮な食材を選び、毎日約八十品の惣菜を作って、バイキングスタイルで提供します。もともと地元にあった料理のほか、新しいレシピもどんどんとり入れており、そのために自分たちで都市部に出かけて食事をしたり、研修も受けているそうです。毎日非常に盛況で、平日でも約七百人、週末には約千人ものお客さんが訪れます。

　地元大山店の成功に勇気づけられた大山町農協は、オーガニック農園と木の花ガルテンをセットにして、福岡、熊本、日田、大分などに出店する計画を進めています。また、関西の業務顧客向けには別の独立した営業組織をつくり、六名の担当者が働いているそうで、かつての何もなかった過疎の村は域外を越えてビジネスを拡大し続けているのです。ちなみに大山町はこれまで、商品コンセプトや農法の研究のために、農協組合員を熱心に海外研修に送り出してきました。その結果、住民人口比でパスポートをもつ人の割合が日本で最も高い町になったということです。

最後にもう一つ、三重県伊賀市の農事組合法人が経営する「伊賀の里モクモク手づくりファーム」をご紹介しましょう。このあたりは伊賀流忍者の里として知られ、ちょうど名古屋と大阪の中間にあたる場所です。名古屋から近鉄に乗って途中で乗り換え、一時間強で伊賀神戸まで行き、さらにそこから車で三十分ほどいった阿山という町にモクモクファームはあります。田舎の典型的な、のどかな風景が続くなか、モクモクファーム内に入ると急に洗練された空間となり、そのギャップに驚かされます。

モクモクファームはもともと、養豚農家十九名が、伊賀豚の拡販を目的として始めた農事組合法人が発端となり、ここ二十年のあいだに各種観光施設を備えた一大農業テーマパークにまで発展しました。パークのなかには豚や牛が飼われていて、子どもが動物と触れ合う場もあり、一瞬、千葉県のマザー牧場のような感じがするのですが、施設のコンセ

[写真2]

プトはまるっきり違います。新しい農業の形を模索しながら進化しつづける実験施設的な側面が強く、生産・加工・販売に一貫して取り組むことを提唱しています。[写真2]

パーク内には農園、牧場、加工場、販売店、レストランだけでなく、宿泊施設や温泉もあり、さらに結婚式まであげられるようになっています。一番特徴的なのは、ソーセージやビール、パンなどの工房があり、来園者が手作り体験できるように意図されていることで、これがとても人気だそうです。

各施設のスタッフには地元出身者は少なく、むしろ全国からモクモクファームのコンセプトに共鳴して集まってきた若者が多いそうです。農業も若い世代の感性が加わると変わるもので、レストランの内装やメニューを見ても、どちらかというと都会的で、川下への落としどころをしっかり見据えながら農業を考えているのが伝わってきます。

ファームは一九九五年のオープン以来拡大をつづけ、今では年間五十万人もの来訪者を集め、年商は三十七億円にのぼります。現在ではハム・ソーセージなどオリジナル商品の通販に加え、東海・関西圏でレストランを六店オープンしており、モクモクのコンセプトは伊賀の片田舎を越えて広がりつつあるようです。周辺の農家も産品を直売所に出品するなどの形でファームに参加していますが、これがさらに地元の活性化につながっていくかどうか注目したいところです。

「誰が食べるのか」をよく考える

これまで地方の取り組みのいろいろな形を見てきました。すべてに共通するポイントは、成功している生産地は必ず消費者を見ているということです。これは当たり前のようでいて、これまで生産地においては決して当たり前ではありませんでした。大方の生産者はマーケティングに関しては地元農協にまかせきりだったのです。あれこれ手数料をとられ、薄利ではあっても、農協による安定保証は魅力でした。ただし、自分の作ったものの最終的な売り先がわからない状況では、モノ作りにも丹精の込めようがなかったのではないでしょうか。また、消費者や、その一歩手前の川下からのフィードバックがないため、どこをどう改良・工夫すれば高値がつくのかヒントも得られず、現状維持以上のことをする余地はありませんでした。

これがたとえば、自分が作っているトマトが東京・青山の紀ノ国屋で売られていることがわかれば、店のバイヤーや納入業者からフィードバックを得ることが可能ですし、店先に足を運べば、実際にどんな人がそこで買い物をしているか、自分のトマトを買い物カゴに入れるのはどんな人かが簡単にわかります。あるいは、同じトマトがレストラン・キハチで使われているのであれば、実際にどんなメニューに化けて出てくるのか、行って食べてみることもできます。そしてトマトに改良の余地があるのかどうか、ほかにどんな要望があるのかを、じかにシェフに聞くこともできます。こういったフィードバックを活かしてどんどん改良していけば、スーパーもレストランも絶対に手放さないでしょう。

イタリアンやフレンチレストランで使うトマトやハーブ野菜、パティスリーで使うイチゴなどは、特にこだわり度が強い農産品の代表です。都会の有名レストランや高級スー

［写真3］http://www.meat.co.jp/main.htm

パーで扱われて名が広まれば、必ずほかからの引き合いが始まり、倍々ゲームであちこちから引きがくるでしょう。こうなれば高値を維持でき、収益性も高まってくるという好循環が始まります。

生産地はこれまで食流通において分断されていたため、情報も遮断されていました。しかし、今や農協はゆっくりと崩壊に向かい、インターネットという強力な情報ツールも整いつつあります。生産者のなかにはすでにホームページを作ったり、積極的にネット販売を行ったりしている人たちもいます。たとえば、岩手、白金豚の生産者グループのホームページを見ると、彼らのこだわりや養豚にかけるプライドがひしひしと伝わってきて、外食店

が思わず使ってみたくなるのがわかる気がします。［写真3］

レストラン、ホテルのシェフや、食品小売のバイヤーは、忙しい仕事の合間に熱心にネット・サーフィンをしながら、つねにいい素材はないかと探しています。生産地が今以上に積極的に情報発信をすることによって、川上と川下の距離がぐんと縮まり、都会人の食もホンモノに近づくことができるのではないでしょうか。

第3章

「悪魔のサイクル」から「天使のサイクル」へ

これまで食流通に関わるプレーヤーの動向を見てきました。各段階にさまざまなプレーヤーが関わっており、それだけいろいろな思惑が絡んでいることが、少しはおわかりいただけたことと思います。

ここからは、都会の食を正常な状態に戻すために消費者として何ができるのか、どうしたらいいのかを考えていきたいと思います。

「天使のサイクル」とは？

第二章で、都会の消費者はあくどい流通業者の思惑にはまった結果、まともな食の感覚を失ってしまっているということを、「悪魔のサイクル」と呼びました。悪魔のサイクルのなかで育てられた子どもは、同じように子どもを育てていく可能性が高いため、悪のスパイラルは世代を経てどんどん深刻になっていきます。未来を担う子どもたちの親世代として、この状況を放置しておくことはできません。

悪魔のサイクルを抜け出すには「天使のサイクル」を生み出す必要があり、そのためには私たち一般消費者の食に対する意識を変革するしかありません。食品メーカーがどんなに変なものを作ろうと、店先でどんな変なものを売っていようと、レストランがどんな変なものを出そうと、消費者が「ノー」と言ってお金を出さなければ、誰もそれを続けることはできないのです。

そのために、まずは身近な、簡単なことから始めてみてはどうでしょうか。たとえば、子どもにはコンビニのおにぎりを食べさせない。おにぎりくらいは家で作る、あるいは作らせる。その米はドラッグストアの特売などのワケのわからないものを買わずに、身元のはっきりしたものを選ぶ。おにぎりの中身もしかり。フレーク上の鮭の瓶詰めが特売でも、成分表示を見て、添加物だらけだったらやめ、うちで鮭を焼いてほぐす。そういった日常の細かな判断を少しずつ積み重ねていくことが、結果的に大きな変化を生むのです。

考えてもみましょう。安かろう、悪かろうの食品を食べつづけ、つねに何となく体調がすぐれず、精神的なイライラを募らせ、あげくの果てに慢性疾患にでもなって、治療代というツケを払うのは自分なのです。子どもは正直ですから、食べることが楽しくなかったら明るい気持ちにはなれないでしょう。キレやすさは食の貧しさの裏返しかもしれません。家庭で楽しい食卓を囲み、ホンモノの美味しさに幸せを感じていたら、友だちをいじめてウサを晴らす必要はないでしょう。

天使のサイクルを起こすには、このようにまず、消費者の決意から始める必要があります。納得できないもの、怪しいもの、疑わしいものはいっさい買わないようにする。野菜が高騰したら、輸入野菜に切り替えればいいと安易に値段だけで食べ物を選ばない。あるいは米やパンも値段だけで選ばない。流通コストの削減努力によって安価を実現できているのならいいのですが、生産段階の不自然な操作によって原料コストを下げているのだとしたら怖いからです。むしろ生産者や店の考えに共感できるものを買うようにしたいもので、そのためにたとえば食費が五%上がってしまっても仕方ないとします。

天使のサイクルはどのようにして起こるのでしょう。［図1］たとえば特売でも着色料・添加物たっぷりのソーセージや冷凍ハンバーグは買わない。それによって粗悪な商品は徐々に淘汰され、いずれは売り場から消えていきます。そしてより品質のよい商品の割合が増えていきます。そこでデファクトスタンダード（事実上の規格）が決まれば、よいもの同士での競争が始まり、値段も落ちていきます。一方で子どもたちの味覚も正常化し、変なものを食べても拒否するようになります。こうして、子どもたちが自分の子どもを育てるときにもまともなものを選べるようになるわけです。このように、消費者が質の悪い食に

［図1］　食流通における天使のサイクル

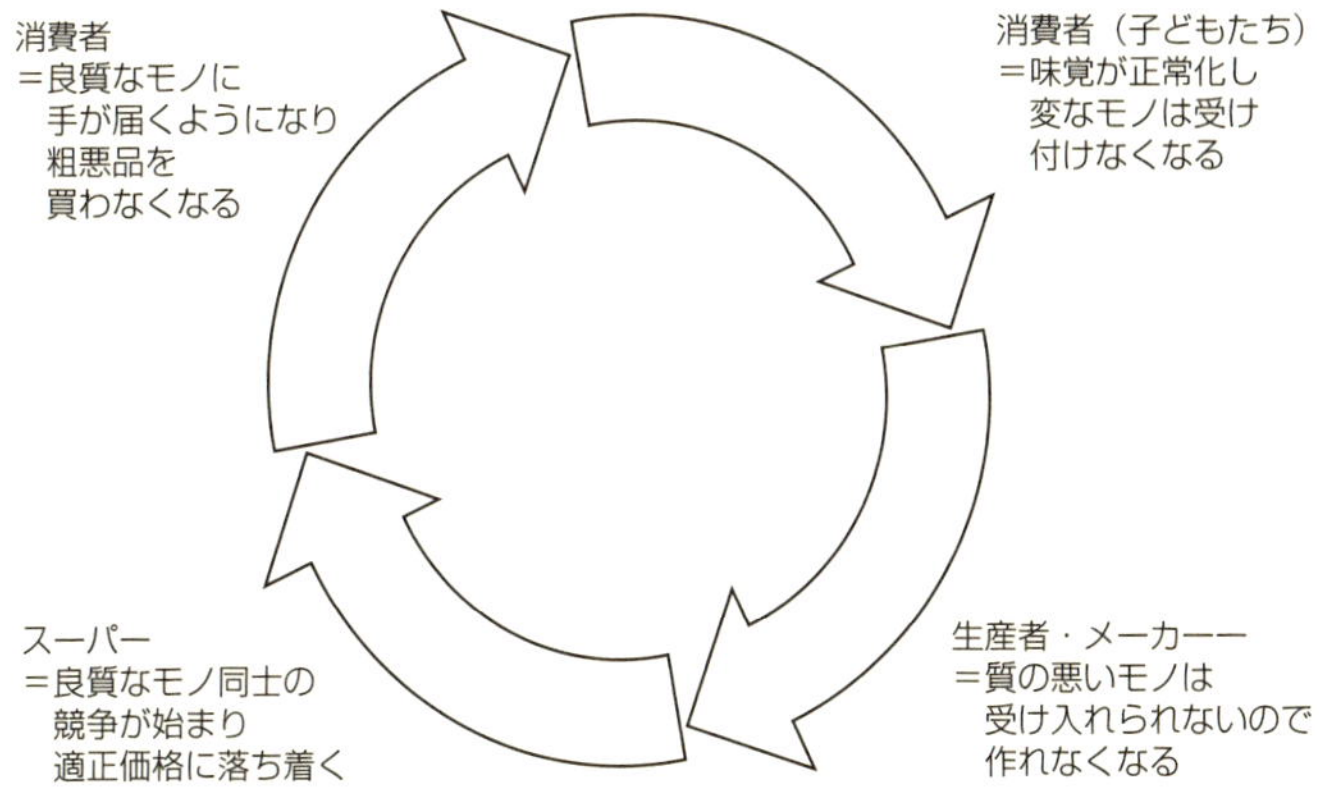
消費者
＝良質なモノに
手が届くようになり
粗悪品を
買わなくなる
消費者（子どもたち）
＝味覚が正常化し
変なモノは受け
付けなくなる
生産者・メーカー
＝質の悪いモノは
受け入れられないので
作れなくなる
スーパー
＝良質なモノ同士の
競争が始まり
適正価格に落ち着く

ノーと言い、努力していいものを選んでいけば、都会も悪魔のサイクルから、いつかは脱することができると思うのです。

しかしながら、これだけではただのかけ声に終わってしまう可能性が高いでしょう。特に子育て真っ盛りの団塊ジュニア（昭和四十五年～五十年生まれ）世代にとっては、食費を余計にかけろという提案は受け入れがたいと言われても仕方がありません。

というのも、団塊ジュニアあたりを境目として、子育ての価値観が変わってきていると言われているからです。昨今ではエンゲル係数よりもエンジェル係数（子どもにかける総費用が家計の総支出に占める割合）が景気の指標として実用視されるようになったそうですが、子どもにかかる費用が塾、お稽古、安全対策、将来への預貯金など多岐にわたり、食費は今や家計のほんの一部に過ぎないということを意味しています。家庭における「食」の優先順位は、気持ちのうえでも家計のうえでも確実に下がっているわけです。

さらにもう一つの懸念は、ファーストフードとともに育った団塊ジュニア世代以降となると、そもそも都会の現在の食生活に疑問を抱いていない可能性が高いということです。しかし、実は意識の変革が最も求められるのは子育ての中核を担う彼らですから、なんとしても現実的で実行しやすい提案をする必要があります。

朝ごはんをしっかり食べさせる

大人であれば、長いあいだに形成された食習慣を一朝一夕で変えるのは難しいかもしれません。しかし考えようによっては、生活習慣病になろうが、心身に何らかの不調が生じようが、結果をすべて自分で引き受けさえすれば構わない、つまり自己責任とも言えます。でも子どもは違います。子どもにお稽古ごとをさせるよりも、有名校に行かせるよりも、まともな食生活をさせてあげることのほうが大事だと思います。

実際、周囲の子どもたちを見ても、朝ごはんを食べないで登校する子は珍しくありません。あるいは食べるとしても菓子パンとかおにぎり一つで小腹を満たす程度だと言います。大人なら空腹でもある程度は精神力で何とかしのげるものですし、コーヒー一杯、おにぎり一つで頑張らなければならない局面は多々あります。でも子どもにそんな我慢をさせる必要はなく、成長期の子どもにとっては百害あって一利なしです。

よく遊び、よく学ぶために学校に行くのですから、朝ごはんで寝ているあいだに失われた水分を補給し、昼までに必要なエネルギーや体が調子よく機能するような栄養分を注いであげなければなりません。第一、子どもたちは彼らなりに毎日、新しいことにチャレンジしているのです。前向きな気持ちで立ち向かえるように、心と体のコンディションを整えてあげたいではありませんか。

栗原はるみさんのようなカリスマ主婦でなくても朝ごはんくらい誰にでも作れます。私自身、どちらかと言うと、これまで書いてきた典型的な都会の主婦像に近いほうかもしれません。それでも子どもに朝食だけはしっかり食べさせてから学校に送り出すようにしています。

朝起きるのも得意ではありませんが、なにせ自分が朝ごはんなしでは生きていけないタイプなので、眠い目をこすり、フラフラしながらできる範囲で朝ごはんを用意していま す。

手のかかることをしなくても、とにかく美味しくて、いろいろな色、つまりいろいろな栄養素が揃ってさえいれば、毎日代わりばえしない内容だって構わないと思うのです。うちでは、パン、卵、ハム・ソーセージ類、野菜、フルーツジュースなどを必ず揃えるようにしています。それに加えて、各自が好みでヨーグルト、チーズ、フルーツなどを食べたり、パンにレバーペーストやジャムやピーナツバターをつけて食べたり、紅茶を飲んだりしています。

要は私がすることといったら、卵をスクランブルエッグにしたり目玉焼きにしたり、ハムをソーセージかベーコンに代えたり、野菜をアスパラのソテーにしたりサラダにしたり、コーンスープにしてみたりといった、小手先のアレンジ程度なのです。

準備にかかる時間は正味十分で、できたものから五月雨《さみだれ》式に出していくようなこともままあります。子どもたちもテーブルにつくときはボーっとしていますが、食べているあいだにだんだんと目が覚めていき、やがてガツガツ食べはじめます。そしてついおしゃべりがはずんでしまい、大慌てで学校に向かう毎日です。

最近、朝食定着のための学校での試みに関する新聞記事を目にしました。東京・新宿では「早寝 早起き 朝ごはん」運動に取り組んでいるそうです。校庭開放など、子どもたちが早く登校するきっかけを作ることにより、早寝を促し、結果的に早起きして朝食をとる習慣を根づかせようという啓発運動です。また、埼玉県熊谷市では、「ご飯持参給食」によって朝食の定着を図ってきたそうです。週に二回、白いご飯を持参させることによって、朝、保護者が炊きたてのご飯を食べさせて子どもを学校へ送り出す習慣を作ってきたと言うのです。

相次いでこれらの記事を読んで正直驚きました。現場の先生たちは、朝ごはんを食べてこない子どもたちの様子を見ながら、よほど危機感を覚えていたのでしょう。元気がない、落ち着かない、注意力散漫、根気がない、機嫌が悪い、キレやすいなど、お腹の空いた子どもたちの様子は容易に想像がつきます。空腹で電池切れしているのに、百マス計算だ、朝の十分間読書だ、と言われたら大人だってキツイはずです。

時間とお金を使って、子どもをお稽古事に連れまわす余裕と熱意があるなら、まずは朝食だけでもいいものをしっかり食べさせるほうが、子どもの学力や意欲は向上することでしょう。このことは多くの有識者や専門家も指摘していることですから、今さら疑いの余地もありません。最初から理想的なメニューにこだわると長つづきしないので、簡単なものから始めてだんだん進化させていくのがいいでしょう。私自身も、少しずつマンネリを脱却し、体のためを考えて、和食をとり入れはじめました。

とにかく、まずは子どもに朝ごはんをしっかり食べさせる。これがすぐに実行に移せる提案の第一です。

個々の家庭に任せていてはなかなか定着しないのであれば、学校単位、地域単位で取り組んでいく価値があると思っています。国としても食育基本法を平成十七年六月に制定し、そのなかで朝食を食べない子どもの割合をゼロにするという数値目標を掲げています。これがかけ声だけに終わらないことを願っています。

学校給食が「天使のサイクル」を生む

そうは言っても朝食は最終的には各家庭の問題ですから、強制力はありません。天使のサイクルを起こす起爆剤としては少々頼りない気がしないでもありません。

前述のように、今の子育て世代はおさんどんをやめてしまいました。そして家族でわいわいしゃべりながら楽しい食卓を囲む風景そのものがなくなってしまいました。その結果、子どもたちは人間が生きていくために必要な、食にまつわる力を家庭のなかで身につけることができなくなってしまいました。

たとえば栄養管理能力。普段からバランスのよい食事を食べていれば、特段家庭科で栄養の勉強をしなくても、主食があり、肉や魚だけでなく野菜も食べなくてはいけないといった基本は経験知として自然に身につくものです。また、食事の際の最低限のルールについてもそうです。おかずとご飯を交互に食べるとか、お茶碗を左手に持って食べるとか、食べ物を残しちゃいけないとか。さらに周囲を意識したマナーとして、みんなが揃うまで待ってから「いただきます」をして食べはじめるとか、みんなが終わるまで席を立たないとか。最近はふりかけがないと白いご飯が食べられない子どもが多いそうです。おかずといっしょに食べるように教わる機会がなかったのかなと思います。

昔は、大人数で食事をする機会も多かったように思います。子どものころ、親戚といっしょに大勢でテーブルを囲んでいるときに、「肘をつくんじゃない!」とおじに叱られたことは今でもはっきり覚えています。両親はもちろんのこと、祖父母世代やおじ・おばたちがみんなで私を育ててくれたような感じがします。大人数で美味しいものをいっしょに食べれば食にまつわる話でも盛り上がり、食の知識も自然と身につくものです。

でも今は三世代同居は珍しく、核家族が主流、しかも父親は帰りが遅く、一人っ子が多い……結果的に母親と子どもが一対一で静かに食事をしていては躾もしにくいというか、情景を想像するだけで煮詰まってしまいそうです。ましてや子ども一人だけの個食では何を期待できましょう。

この現実を憂えても嘆いても仕方ありません。そこで私は、給食に期待しているわけです。というのも、年間に学校へ通う日数が約百六十日として計算すると、給食は一日三食×三百六十五日の全食事のなかの約十五%を占めることから、子どもたちの食生活にとって大変影響力があるというのがまず第一の理由です。しかし私が注目するのはむしろ、給食でとり扱う食材の量が膨大で、食流通へのインパクトが大きいと考えるからです。給食が良くなれば、意外と簡単に天使のサイクルが生まれるのではないかと期待を寄せているのです。

現在、全国の国公私立の小中学校に通う子どもは一千万人強ですが、そのうちの約九十三%の子どもが給食を食べています。なかでも小学校では百%近くの学校で給食が実施されています。中学となると八十%強で、そのなかでも完全給食となると七十%程度となります。

メニュー内容など、給食の質に文句を言う人もいますが、マクロ的に見れば、子どもたちを支える社会インフラとして大変心強いものであることは間違いありません。

たとえばアメリカの小中学校ではこんな制度はありません。カフェテリアを備えている学校はありますが、子どもが好きなように選ぶのですから、栄養という面では保証のかぎりではなく、そもそも日本の給食のように栄養にことさら配慮した内容ではありません。

ちなみにアメリカ人の小学生の平均的な食生活はといえば、朝は牛乳、シリアルと総合ビタミンのサプリメント、昼はピーナッツバターとジャムのサンドイッチに生のニンジンスティック程度のお弁当か、カフェテリア式の給食、夜は家庭によりさまざまで一概には言えませんが、簡素なワンディッシュものが多いようです。これに比べて日本では、給食があるだけでも子どもたちは相当健康的な食生活を黙って手に入れることができるのですから、ありがたい話です。

実際、給食のメニュー自体も時代の変化にともなって徐々に変化してきているようです。もともと給食は戦後、子どもたちの栄養失調を補うために始まったものですが、日本の社会が豊かになるにつれて、その第一義的な使命が終わったのですから当然のことです。私が子どものころはパンが主食でしたが、今では白いご飯はどこの学校でも当たり前に出されるようになりました。

献立の中身については個々の学校や自治体で大きく異なりますが、全般的に向上していることは間違いありません。公立ではひと月約三千～四千円程度の給食費が保護者に請求されていますが、これはあくまでも材料費のみのコストです。調理師さんたちの人件費や光熱費などを入れれば実際にはその三倍のコストがかかっているのですが、残りの分は各自治体が負担しているというわけです。三、四千円ということは一食二百円程度ですから、誠にありがたい話です。最近では給食費の未払いが問題になっており、二〇〇五年度では全国の未払い分が二十二億円にのぼったということです。親が自分で作るより安くすんでいるのですから、支払わないことを正当化するのは無理でしょう。

ところで私は今回、国をあげて給食に力を入れることを提案したいと考えています。給食に本気で取り組むことによって天使のサイクルという好循環が生まれれば、国民の健康や生産性の向上をはじめ、中長期的には計り知れないメリットがあるのですから、ぜひとも検討してみたいと思うのです。

給食の底上げによってなぜ天使のサイクルが起こるのかを説明しましょう。

[図2]　食流通における天使のサイクル

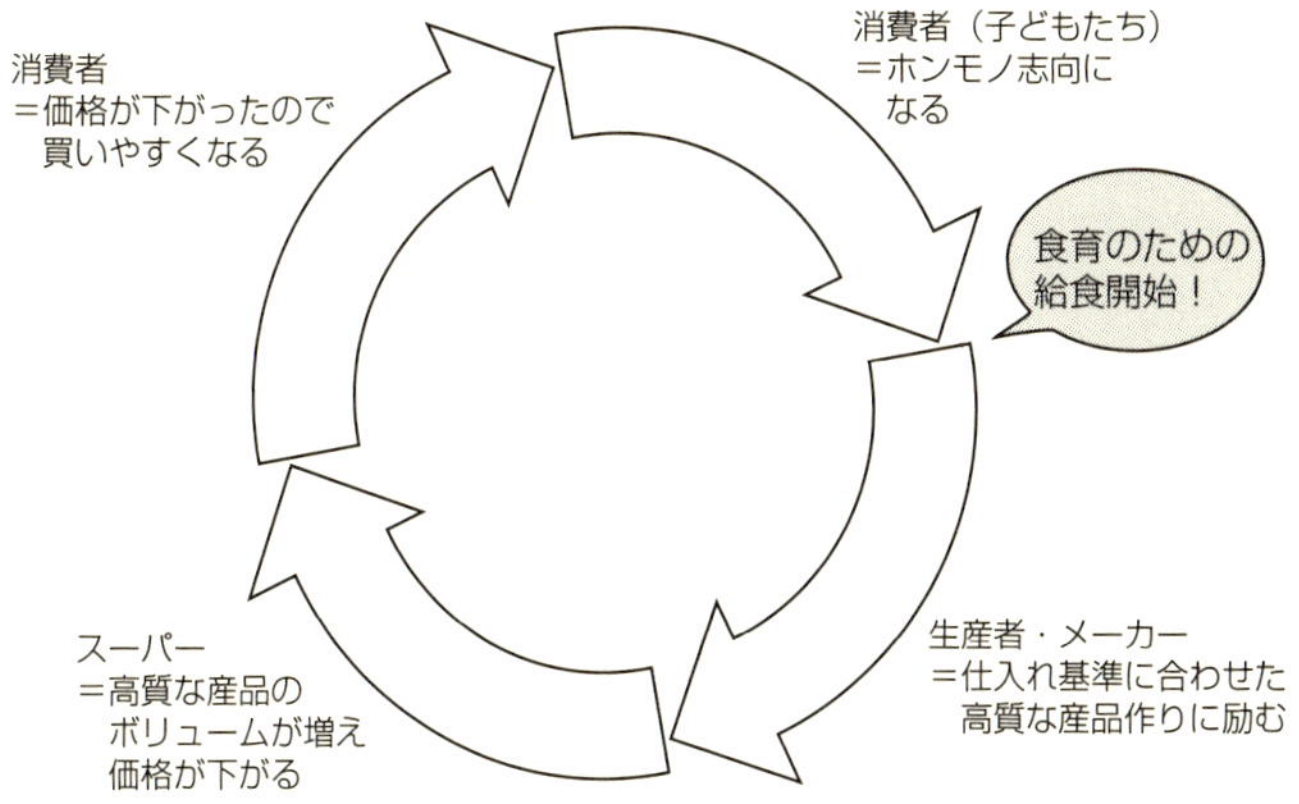
消費者（子どもたち）
＝ホンモノ志向になる
食育のための給食開始！
生産者・メーカー
＝仕入れ基準に合わせた高質な産品作りに励む
スーパー
＝高質な産品のボリュームが増え価格が下がる
消費者
＝価格が下がったので買いやすくなる

全国の学校が平均的に今より質の高い給食を出す取り組みを始める
←質のよい生鮮素材や食品が選ばれるようになる
←生産者やメーカーに質のよい食品を作るモチベーションが生まれる
←子どもたちはホンモノを食べ慣れることでよい食と悪い食を選別する力がつく
←しだいに市場から悪い食が淘汰されていく

長い目で見るとこんな好循環が生まれていくことが考えられます。［図2］

給食に新しい動き

実際、すでに各地で給食に新しい動きが生まれています。特に地方では地産地消運動の一環として、地元の産品を給食に積極的に導入しはじめているようですが、考えてみれば今までこれが行われていなかったことのほうが不思議です。

これまでは学校の隣に畑があっても、そこでとれた野菜をおいそれと給食に出すことはできませんでした。前章で解説した流通システムに一度のってしまったが最後、隣の畑の作物も市場を通れば他県の産品と等距離の存在になってしまうのです。農家としても隣の学校に直接納入したいのはやまやまであっても、個々の産品を責任持って安定供給し、コストやサイズ等、学校のニーズにきめ細かく応えていく自信がなかったのでしょう。しかし、生産地や生産者の意識に変化が起きているのは前述のとおりです。

たとえば高知県南国市《なんこく》では、平成九年度に市内の全小学校十三校と公立幼稚園の給食に市内中山間地の棚田米を導入しました。翌年からは全校で自校炊飯が開始され、まもなく週五日の完全米飯給食が実現しました。これにより、地元農家の安定需要を確保するという効果もありました。さらには生産者による出前講座も行れており、農家の人々が産品を納入するだけでなく、学校に赴いて素材のできるまでを説明をしたり、生徒を農園に招いて農業体験をさせてくれたりするそうです。

また平成十八年度には「全国学校給食甲子園」なるものが初めて開催されました。全国から千五百十四の小中学校が参加し、給食の質を競い、美味しさ、栄養量や分量が適正であること、地場の食材を活かしていることなどが審査対象となりました。

さらに一部の名門私立小学校では、ホテルに給食サービスを委託しはじめたということが話題になりました。京都市の立命館小では、大津プリンスホテルに委託、また同志社小では京都宝ヶ池プリンスホテルのシェフが出向いて調理しており、給食費が年間十二万円にのぼると言いますから、全国平均の三倍にもなります。

このように、時代を反映してあちこちで給食に変化の兆しが見られることは確かで、給食の質に関心が向けられていること自体、喜ばしいことだと思います。

さらに、給食への取り組みとしては先進的な学校を、二校ご紹介したいと思います。

給食を通じて、「生きる力」を育てる――青山学院初等部

東京渋谷区の私立小学校、青山学院初等部の給食は、全国各地から視察が来るほど、理想的なモデルとして古くから知られています。都会の中心にあるため地産地消は無理ですし、決して特別な方法で食育を行っているわけではないのですが、四十年以上前から、給食が学校教育のなかでも非常に重要なものと位置づけられ、ここで育った子どもたちは食との上手なつき合い方を自然に体得しているように見えます。

同校は給食に限らず、「生活そのものが教育」という考えを大切にしており、学力だけでなく、「生きる力」をつけることに昔から取り組んできました。食べることは重要な「生きる力」そのものですし、生きる力を判断するのに最もわかりやすい指標であると考えているのです。限られた紙面で同校の食への取り組みの全容をお伝えすることは難しいのですが、今回は私が特に感銘を受けた四点についてご紹介することにします。

①食堂給食

同校には二百八十人を収容できる食堂があり、三分の一にあたる二学年の生徒が食堂給食、残りの四学年の生徒が教室給食を行っています。具体的には、たとえば一年生と二年生、あるいは一年生と六年生といった具合に、学年の組み合わせを変えながら順番に食堂給食を行っているわけです。

[写真1]

私が取材に訪れたときは、一年生と二年生が食堂給食をしていました。各テーブルでは二年生が、自分のパートナー（年間を通して担当の下級生をお世話するシステム）の一年生をあいだに挟むようにして座っていました。［写真1］さらに、先生（教室給食をしている担任以外のすべての先生）や事務職員の方、調理師の方、給食ボランティアの保護者などの大人が各テーブルに一人つきます。二年生はここぞとばかりに上級生ぶりを発揮して一年生のために張りきって配膳をします。食堂の片端にある調理室のカウンターからご飯の入ったおひつや、おかずの入った大皿を自分のテーブルまで運び、

見本の絵のとおりに各自のお皿に盛っていきます。食べられないものがある子どもは、食前に申告すると量を「お減らし」してもらうことができます。アレルギーでないかぎりは、まったく食べないということは許されません。また、何かをお減らししておいてほかのものをおかわりしようとしてはいけないという不文律が、こどもたちのあいだであるそうです。

食事がなかばを過ぎると、二年生の代表が前に出てスピーチを始めました。二年生の宿泊行事の経験談を一年生に語りかけています。スピーチではあえて栄養の話などではなく、食事中に楽しめる話題を選んでいるそうです。

そしてメンバー全員が食事を終えたテーブルから片づけが始まります。誰に何を言われなくても、同じお皿を重ねては次々と調理室へ運んでいきます。そしてお膳布巾でテーブルを丁寧に拭いておしまい、一目散に食堂を飛び出して遊びにいきます。

この一連の繰り返しのなかで、子どもたちは配膳の仕方やリーダーシップなどを楽しみながら学ぶとともに、食べられないものを克服する力、残さないで食べきる力を身につけていきます。

［写真2］

② 「木曜ランチョン」

「木曜ランチョン」という制度があります。毎週木曜日は一学年だけが給食で、あとの五学年はお弁当を持参します。調理室は六学年分の労力を一学年だけに傾けて和洋中いずれかのフルコース料理を提供するのです。ホンモノを味わうことが目的の一つですから、器も陶磁器や塗り物の食器を使い、壊れやすいものを大切に扱うことを覚えさせます。［写真2］

六週間に一度、六年間で三十五回の経験をすることになります。なぜ、こんなに手間のかかることをわざわざするのかとお聞きしたところ、本来、生活体験に差のある六学年に対して普段は一斉給食をしているが、本来は学年に応じたハードルがあるはずで、それを体験させるためという説明でした。

確かに一年生と六年生ではランチョンのメニューに大きな差が見られます。たとえばある年では、一年生が最初に体験するランチョンは、「バターライス、クリームコロッケ、ミニメンチカツ、いんげんのソテー、トマトのサラダ、コンソメスープ、ブラマンジェピーチソース」と、まるでお子様ランチのようなかわいいメニュー構成になっています。それに対し、六年生の和食メニューとなると、「焼き目鶏のお吸い物、あわびたけと蟹の炊き込みご飯、鮭の酒蒸し、ほうれん草ともって菊のお浸し、秋野菜の煮物（大根・里芋・黒こんにゃく）、洋梨のモスコビー」という具合に、かなり本格的な大人向けの内容となっており、六年生だからこそ意味のある食体験であることがわかります。

もう一つの理由としては、子どもたちにできるだけ多様性のある体験をさせたいという思いがあるそうです。普段は教室でクラスのメンバーと給食を食べるか、他学年といっしょに食堂で食べるかどちらかなわけですが、ランチョンのときだけは学年としてまとまって会食する機会を持てるわけです。そして和食なら和食、洋食なら洋食のマナーを学び、中華であれば大皿からとり分ける際に周りのお友だちのとり分を考えるなど、気配りも自然に身につきます。食事のなかでさまざまな体験をさせるという、単なるマナー学習の域をはるかに超えた意図が込められているようです。

③保護者との連携

同校では、給食に限らず保護者が積極的に学校に関わりを持ち、また学校側もそれを当然のように期待する傾向があるようです。

前述のように、給食は同校にとって重要課題と位置づけられていることから、新入生のオリエンテーションでは親に対しても給食の考え方について説明があります。また、新入生の給食導入時には数人ずつの保護者が教室まで配膳のお手伝いにいき、給食の様子を目の当たりにします。二年生になると、「親子ランチョン」が開催され、親もいっしょにランチョンを体験します。このときにはお母さんは何も手を出さず、二年生が危なっかしい手つきでお母さんのために配膳してくれるのを冷や冷やしながら見守っていなくてはなりません。入学以来、一年間でどれほど我が子が成長したかを実感する感動の瞬間です。

さらに、毎年各学年から数人の保護者が「給食ボランティア」として登録します。子どもたちが、温かいものは温かいまま、冷たいものは冷たいまま食することができるようにと、教室までの配膳を中心としたお手伝いをしています。

各家庭には給食の献立が一週間ごとに配られますが（給食は一週間ごとに決まるので）、これは家庭の献立が給食と重ならないようにするためです。また、和食と牛乳はいっしょに出さないので、和食の献立の日は家庭で牛乳を飲んでカルシウムを補充することが推奨されています。

このように、いろいろな形で学校と家庭の連携が図られているわけです。

④開かれた給食室

同校の給食は栄養士さんと調理師さんだけの限られた取り組みではなく、全教職員が積極的に関わっていることが感じられます。私が栄養士の先生にお話を伺っているあいだにも、二年生の主任の先生が相談にやってきました。次回のランチョンでは二年生のナン作りを予定しているが、生活の時間で小麦の勉強をしているので、これをピザに変えられないだろうか、という内容でした。先生方からのこの手のリクエストは日常的にあるそうです。

今回お話を伺った管理栄養士の宍戸《しど》先生は、「顔の見える栄養士」を標榜していらっしゃるそうですが、これはなかなか勇気のいることだと思います。食中毒やアレルギーなどの問題もあり、給食は非常にデリケート、かつ保護者の大きな関心事だからです。

学校のなかでは宍戸先生の顔を知らない子どもはいません。先生が教室に食べにいくと、不思議と残食が減るそうです。恐れられる存在である一方で、「この前の○○は美味しかった！」「まずかった！」「○○のレシピちょーだい！」などと気軽に声をかけてくる生徒も多いそうです。また、調理師さんたちも食堂で子どもたちといっしょに給食を食べるようにしているので、子どもたちの反応が伝わってきて励みになるし、子どもたちが食べる様子を間近で見ながら「あー、この切り方じゃ一年生には大きすぎるのだな、次回はもう少し小さく切ることにしよう」などと自然にフィードバックを得ることができるそうです。

青山学院初等部の給食は、戦後間もない一九四七年、焼け跡に植えた野菜で宣教師の先生が作った一杯の味噌汁から始まったそうです。それからずっと家庭の味にこだわりつづけ、美味しいものを提供することを第一とし、冷凍食品はいっさい使わず、季節性や旬を大切にしてきました。たとえばグリーンピースも八百人分を手剥《む》きするそうですし、カルシウムが強化された給食パンは残食が多いのでやめたそうです。必要な栄養量を計算どおりに与えることより、ホンモノの食体験を優先する同校の考え方にはおおいに共鳴するところです。

最後に、栄養士のお仕事は宍戸先生にとって天職なのだなと実感したコメントをご紹介しましょう。

「自分の作ったごはんを食べてくれる、私たちの味で育てたという実感がある、こんないい仕事はありません。子どもがおかわりすると『やった!』という気分です」

宍戸先生がご担当になってから三十年の間に、同校の給食は着実に発展を遂げ、今の形ができ上がりました。献立構成などは達人技で、長年のあいだに蓄積されたデータベースを駆使して栄養的、文化的、精神的な要素が瞬時に盛り込まれていきます。一週間という比較的短いサイクルで献立を決めるのは、気候などによる変動要素にも機敏に対応するためだそうです。同校の給食を通した取り組みを一朝一夕にまねすることは難しいとしても、参考になるポイントがたくさん散りばめられているのではないでしょうか。

母親の気持ちで給食を考える——杉並区和田中学校・井草中学校

青山学院の場合は私立だから自由度が高いのであって、公立校ではそんな好き勝手なことはできない、かけられる経費だって限られている、という声が聞こえてきそうです。確かに一食あたりの食材経費は全国平均が約二百円であるのに対し、青山学院では三百八十円ですから一見、倍近くかけているように見えます。しかし内訳はというと、差額の約百八十円のうちの半分はパン代、つまり給食パンの代わりに別業者から買っている分だそうです。さらに木曜日の特別給食の分や、消耗品のコストも込みになっていますから、実質的な差額は数十円と考えられます。

自由度に関しては確かに公立よりも高いかもしれません。メニューの裁量範囲や栄養計算、業者の選択においても公立の場合、一つの学校の一人の栄養士さんだけですべて決められるわけではありません。それでも、できないできないと言っていては始まりませんので、やはり先進的な取り組みを進めていらっしゃる公立のケースをご紹介したいと思います。

杉並区立の和田中学といえば、リクルート出身の藤原校長という民間校長を史上初めて擁立したことで一躍有名になったのでご存知のことでしょう。学校選択性を採用している杉並区で、以前は人気ランキング下位に位置していたのに、二〇〇六年度には一位に躍進し、入学者も急増したといいます。

同校では、地域住民のボランティアによる土曜日の授業（土曜日の寺子屋、通称ドテラ）や「よのなか科」という市民公開講座をはじめとして独特の取り組みが多く行われていることはマスコミで取り上げられることも多くよく知られていますが、実は給食もただものではないようです。同校には藤原校長の幅広い人脈と世の中の関心を反映して多くのゲストが訪れますが、ゲストには、必ず給食を出すことにしているそうですから自信のほどがうかがえます。

実際、平成十七年度には東京都教育委員会から学校給食分野優良校として「健康づくり功労賞」を授与されました。その際、栄養士の島田先生は「安全面を充実し、リクエスト給食・バイキング給食など多彩な給食を実践するとともに、民間委託業者との良好なタッグで、手作りパンを成功させるなど、まさに生徒のために、生徒とともに歩む栄養士として、その実力・実績ともに表彰に値する」という評価を受けています。

現在は同じ杉並区内の井草中学に転任されており、今回は井草中でお話をうかがいました。そこで、ご紹介する内容についてはどちらかだけで行われているものもあれば、両校で行われているものもあります。

井草中の校舎に入ると、玄関近くの廊下には最近の給食の写真が一面に貼り出されて

［写真3］

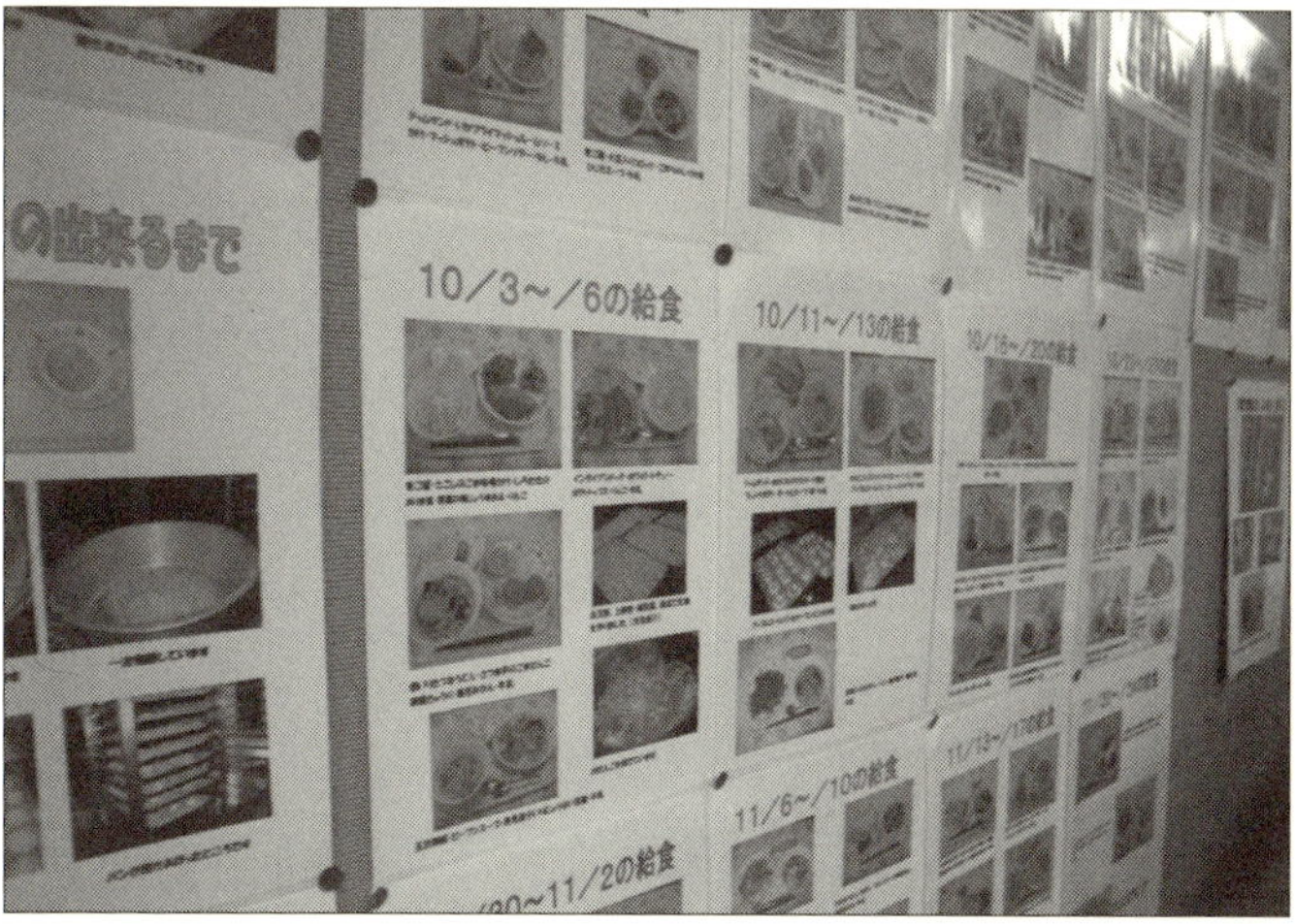

いました。［写真3］こんなところからもさっそく、生徒や保護者がいつでも見ることのできるオープンな給食という印象を受けます。

まず、真っ先にご紹介したいのは、手作りパンの導入です。手作りパンを本格的・定期的に出したのは東京でも和田中が初めてで、きっかけは給食パンの残食に悩んだことだったそうです。子どもは正直なもので、いくら栄養が強化されていると言われても、美味しくないものを無理に食べるわけがありません。せっかく栄養士さんが一所懸命栄養計算をして給食全体の栄養量を規定量に合わせても、子どもが残せば意味を成さないことは火を見るより明らかです。

そこで島田先生はパンを食べてもらいたい一心で「和田ベーカリー」を始められたそうです。ナンやウインナーロール、アップルロール、揚げカレーパンなど種類も豊富で、焼き上がるころには校内に香ばしいにおいが漂ってきて、給食時にはぺろりと平らげてしまうそうです。こちらも作るプロセスを撮影した写真が展示されていました。［写真4］

次に感心したのは、給食体験に多様性を持たせようとするアイデアの数々です。最初に書いたように、和田中には多くのゲストが来訪しますが、島田先生は必ずゲストの方の出身地と郷土料理を聞いて、一カ月以内に給食として出すようにしていたそうです。たまたま去年と今年の夏にはモンゴルから一時入学者が来たので、さっそくモンゴル料理も作ったそうです。

二種択一ができる「リザーブ給食」では、たとえばカツカレーとハンバーグカレーのうちの好きなほうを一カ月前から予約できるそうです。

運動会などの行事の際には、「お弁当給食」で生徒の配膳の手間を圧縮しています。中学生は忙しくて、普段から給食時間は配膳からあと片づけまで含めて三十分もないそうですが、行事の際はますます食べる時間がないことから考えられた工夫です。

年度末にはバイキングも実施するそうですし、クリスマスやバレンタインには季節性や

[写真4]

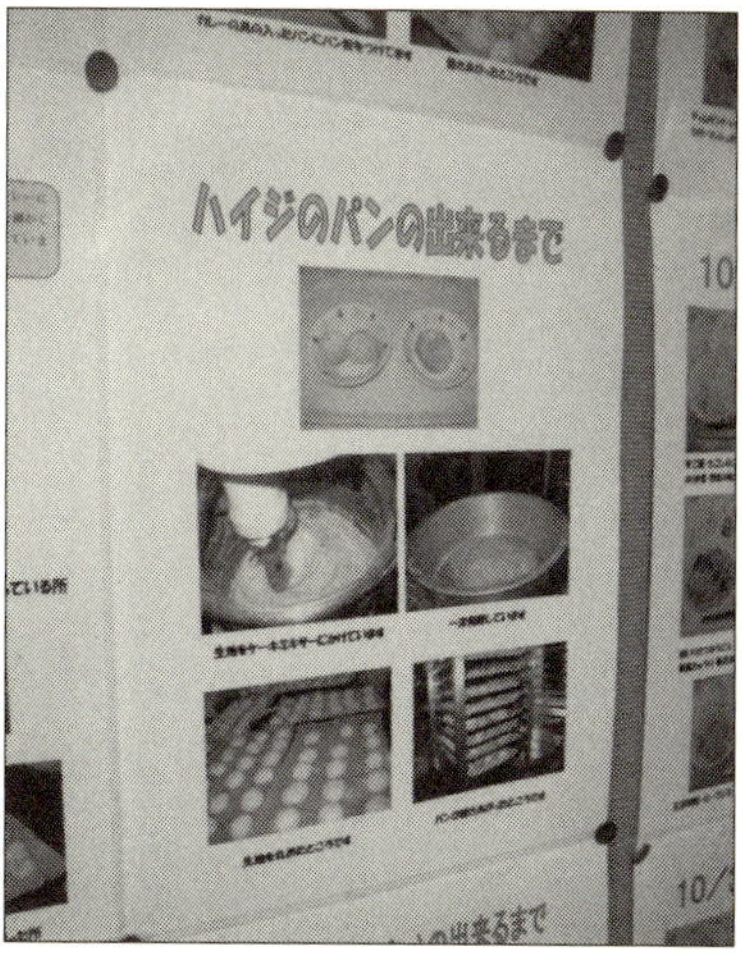

イベント性を盛り込むなど、生徒たちのお楽しみの要素も盛りだくさんです。

また、三年生が農業体験で植えたお米を秋に収穫すればそのお米を炊いて給食に出す、校庭に柚子・柿・梅がなれば収穫して出すといったことも当たり前のように行われています。

こうして見てみると、公立校だから何もできないという言いわけは成り立たないように思えてきます。決められた給食費で、標準献立から逸脱しない範囲を守りながら、しかも取引業者は指定であっても、こんなに豊かな給食を提供することができるのです。

確かに和田中は藤原校長のもと、給食に限らず新しい取り組みをしやすい雰囲気があるのは確かです。島田先生も校長先生にのせられて何でもやってみようという気持ちになったとおっしゃっていました。校長先生自らが校内にも校外にも積極的に給食をPRしていることから、和田中の給食はつねにスポットライトを浴び、生徒や教職員に期待されることで、担当の栄養士の先生方にはつねにいい意味でのプレッシャーがかかっているのではないでしょうか。

島田先生の給食に対するお考えがよく理解できたのは、次の一言でした。

「調子が悪くて早退する子には、給食食べていかない？ って声をかけるんですよ。働くお母さんが多くて家に帰っても食べるものがない場合もありますから。そうすると少し元気になることもありますよ」

要は、先生である前に生徒たちのお母さんの気持ちで給食を考えていらっしゃるのです。だからこそ、「母は強し」と言うとおり、公立中学の給食について回る種々の制約を一手に引き受け、校内の交渉ごともこなし、やろうと決めたことを実行していく力が湧いてくるのではないでしょうか。

給食をシステムとして捉えすぎない

以上、私立小学校と公立中学校の給食における取り組みをご紹介してきました。事情や具体的な取り組みは異なりますが、いくつかの共通点が見られるのでまとめてみましょう。

①担当栄養士の技術と意欲（will & skill）

公立学校では特に、いろいろと制約条件はあるでしょう。しかし最終的には、各学校の給食作りを直接担当する栄養士の先生が、栄養士という仕事の枠組みを超え、母親の目線でいるかどうかで、給食の内容はガラリと変わってきます。と同時に、制約をものともせず、あるいは要領よくクリアして、プロとして理想とする給食を実現するとなると、それなりの技術が求められます。

②教職員・生徒全員の給食への参画意識

栄養士の先生も人間です。給食室のなかで一人悶々《もんもん》と給食を考案し、ひたすら作って提供するだけでは、いつか意欲もアイデアも枯渇してしまいます。基本的にはお母さんが家族に食事を作るのと同じですから、教職員や生徒が「今日のお昼は何かな？」と興味を持って聞いたり、「次はあれが食べたい」とリクエストを出したり、「今日の○○は美味しかった！」と感想を述べたりといった、作る側と食べる側のコミュニケーションが必要不可欠です。食べる人の顔が具体的に目に浮かぶことによって、作る側の意気込みも変わってくるのはごくごく自然なことではないでしょうか。

③学校内外への積極的な情報発信

作り手と食べ手の一対一のコミュニケーションに加え、たとえばＨＰなどで生徒の保護者や入学予定者をはじめ、不特定多数に対して給食の取り組み状況を発信することによって、作り手の責任感が増し、プロ意識がさらに高まります。公開する内容はメニューであったり、給食作りの舞台裏だったり、新しい取り組みの紹介であったり、何でもいいのですが、大勢の目に触れることを意識し、さらに外からのフィードバックもとり入れていくことによって、給食はさらに進化していきます。

これらはどれも、どうしたらお母さんをその気にさせて、家族のためにおいしい食事を作ってもらうかを考えれば当たり前のことばかりです。大量調理ではあっても、給食を無機質のシステムとして捉えず、家庭の食事と同じ発想に立つことが大事なのだと思います。

給食が秘める壮大な可能性

最近、盛んに食育が叫ばれ、栄養教諭制度を導入する動きも始まりました。教育課程として食育が認知されれば、栄養士の先生方の地位も向上することでしょう。ただし、総合活動の時間に栄養士の先生が栄養に関する講義をしたところで、子どもたちの食への関わり方が大きく変わるとは考えられません。子どもの場合は特に、実体験を通して学んだもののしか定着しにくいからです。

むしろ、学校における給食の位置づけの見直しと底上げこそが求められます。今はもう戦後ではありません。給食はもはや、子どもたちの空腹を満たし、必要な栄養を補給するための食事の配給ではありません。子どもたちの食が別の意味で崩壊しつつある今、ホンモノを体験させ、「味わう」「楽しむ」「ワクワクする」「驚く」「学ぶ」「懐かしむ」など、五感で感じさせる絶好の機会として給食を捉え直したいものです。

私は個人的には、給食は義務教育においては読み書き計算に匹敵する、大切な学びの一つだと考えています。満足に学校にさえ通えない国に住む子どもたちが、食べることに対して基本的な知識（体を健康に保つために最低限考慮しなければいけないバランス、食べていいもの、悪いものの見分け方など）を持っているのに、学校でより高度なお勉強を叩き込まれた日本の子どもたちが、食に関して無知なままに育ち、大人になっても自分の健康管理もできず、さらに自分の子どもにまともな食事をさせられないとしたら、これは日本にとって深刻な問題です。

たとえ何らかの事情があって家庭でまともな食事を食べられなかったとしても、せめて幸せな給食の思い出だけでも持っていたら、自分の子どもに変なものを食べさせようとは思わないはずです。そうして次世代にいい循環が引き継がれていくような食のインフラ作りこそが、今の日本に必要ではないかと考えます。

誤解しないでいただきたいのですが、家庭における食はどうでもいいと言っているわけではありません。最初に提案したように、せめて朝食だけでもしっかりしたものを家庭で食べるのが望ましいと思いますが、現実にはそれすらままならない家庭も少なくないようなので、それならば社会全体で子どもの食生活をバックアップするしかないだろうという、極めて現実的な提案をしているわけです。

給食全体のクオリティアップとともに提案したいのは、給食年齢の引き上げです。現在は小学校のほぼ全校、中学校で七十〜八十%の学校で給食が実施されているわけですが、今、何らかの理由で給食が実施できていない学校にも導入を進めるのと同時に、高校でも給食を実施することは検討に値するのではないかと考えます。

もちろん、義務教育ではないので、税金を投入するとなるとさまざまな議論を呼ぶでしょう。しかし、高校生は体こそ大人並ですが、中身はまだまだ子どもです。それまでの成長過程でしっかり食育が身についていなければ、もっともおかしな食生活に陥る可能性を秘めています。給食がない代わりに親がまともなお弁当を持たせていれば問題はないのですが、いい加減な買い食いを続けているのだとしたら問題です。子どもに昼食代を渡すより給食代として学校に払うほうが、よほど合理的ではないでしょうか。完全給食とまではいかなくともカフェテリア制度などでも十分かと思います。

同じことは大学でも当てはまります。大学生はたとえアルバイト収入で余裕が出ても、ホンモノの食のために費やそうとはゆめゆめ思わないでしょう。大学生ともなると、親の目が最も届きにくいことからも、食生活がかなりないがしろになっている可能性が考えられます。格安で栄養バランスの優れたホンモノを食する仕組みが整っていれば、より健全で充実した学生生活を過ごせるのではないかと思うのです。

いみじくも、少子化により大学全入学時代を目前に控えています。各種サービスをウリとして熱心にマーケティング活動を開始している大学もあるようですが、食インフラを充実させることは、学生や保護者にとっておおいなる魅力であり、次世代に健康な社会人を送り出すための意義ある取り組みだと思います。

このように、義務教育だけでなく、子どもの成長期全体にわたって、家庭を補足するような学校の食システムが確立されることによって、子どもたち自身のためになるだけでなく、社会全体の食に対する価値観を、ホンモノ志向に近づけていくことができるのではないかと期待しています。

具体的にはたとえば、一定のクオリティを満たす給食を実施している学校には何らかの補助金を出す、学校の指定する基準を満たし、指定業者に選ばれたら何らかの認定を与える、などの仕掛けを一つひとつ作りこんでいくことで、食流通および生産者にとってホンモノを扱うモチベーションが生まれれば成功です。

そしてまともな食育を受けた子どもたちが社会に出るころには、彼らが世の中に出回る怪しい食べ物に拒否反応を示すはずですから、メーカーも中食業者も外食業者も彼らの嗜好に合ういいモノを作らざるを得なくなります。そして彼らが親になった暁には、子どもたちにもいいモノを食べさせるでしょうから、都会の食は永続的に正常化の道をたどるという壮大なシナリオです。

良質のものを食べましょう、という声かけだけでは永続的な好循環は生まれません。また、食育にまつわる局所的な施策を打っても、流通プロセス全体の悪循環を止めることはできません。そう考えると、給食以上に現実的な解は見当たらないのです。

「できない、無理だ」と決めつける前に、現場主導でぜひとも検討してみたい方法論です。

おわりに

最後まで読んでくださってありがとうございました。都会の食がいつの間にかとんでもない歪《いびつ》な状況になってしまっている現実を、改めてご理解いただけたものと思います。これはれっきとした社会現象ですから、都会的な食の先端をいく人を責め、勤勉な昔のスタイルを保っている人をほめちぎっても意味がありません。

むしろ現実を客観的に認識し、食流通に潜む悪魔のサイクルを理解したうえで、都会人の今後の食との関わり方を考えていくことが重要となってきます。

都会の食がエンターテイメント化していること、食べることがファッションのように捉えられていることを述べました。そこには、食べることは究極的には命に関わる営みであり、食する対象も命であるという認識が欠落しています。どんなに時代が進んでも、人間は永遠にフードチェーン（生態系の食物連鎖）から抜け出して生きることはできないのに、そのことがすっかり忘れ去られてしまっているような気がします。食は家電や車や洋服の消費とは決定的に一線を画するはずなのですが、現実には両者はほとんど同一視されているようにさえ見えます。

悪魔のサイクルは一朝一夕にはなくなりませんが、消費者が賢くなって、何とか悪循環を断ち切るしか方法がありません。私は朝食の勧めと給食による革命を提案しましたが、方法はほかにもきっとあるはずですし、いくつかのアプローチを同時並行的に進めるのが効果的だろうと思います。結果的に消費者がクオリティの低い食品に見向きもしなくなり、しだいに世の中からそれらが撤退せざるを得ないような時代がくることを願っています。

最初に申し上げたように、私は食の専門家でないことから、この本を出すことに当初はかなりの逡巡を覚えました。私が書いていることはどれをとっても特に目新しい内容ではありません。また、食の世界は目まぐるしい変化を遂げていることから、書くそばからどんどん情報が古くなってしまうというジレンマもあり、果たして最新の状況をフォローできているのかどうかもわかりません。それでもあえて、本にまとめる決意をしたのは、やはり自分の目でみたこと、自分が体験したことには絶対の自信があるからであり、主婦の目線で書くことで、メッセージを一番届けたい若いお父さん・お母さんたちに理解してもらえるのではないかと思ったからです。

　しかし、実際にやってみると一冊の本を書き下ろすという初めての試みは思った以上に難航しました。自分の思いをどうしたら多くの読者の皆さんに届けることができるか、ずいぶんと悩み、一時は出版を諦めかけたこともありましたが、英治出版の原田英治社長、秋元麻希さんの折々の貴重なアドバイスに助けられ、なんとか出版に漕ぎ着けることができました。お二人には心より感謝いたしております。

　また、マッキンゼー時代の大先輩である上山信一氏（現、慶応大教授）には、食の仕事でご一緒した際に多くのインスピレーションをいただいたのに加え、本にまとめるよう強く後押ししてくださったことからこの本は生まれました。改めて感謝申し上げます。

　最後に、私に朝ごはんをしっかり食べる習慣をつけてくれ、今も私の仕事面、プライベート面の双方において、つねにサポート体制でいてくれる母に、尽きぬことのない感謝の気持ちを込めて、この本を捧げたいと思います。

二〇〇七年二月　安井　美沙子

［著者］ **安井美沙子**

マーケティング・コンサルタント。上智大学法学部を経て、ニューヨーク大学ジャーナリズム学部を卒業。マッキンゼー・アンド・カンパニー、ミスミに勤務後、独立し、民間企業や地方自治体のコンサルティングにあたる。ほかに大阪市役所・市政改革本部調査員、日本都市センター「地域ブランド戦略研究会」委員等を務める。現在は、東京財団のプログラム・オフィサー兼広報ディレクター。

●ブログ：http://blog.canpan.info/yasui

ほんとうの「おいしい」を知っていますか？

発行日　2007年5月18日　第1版　第1刷

著　者　安井美沙子（やすい・みさこ）

発行人　原田英治

発　行　英治出版株式会社
〒150-0022 東京都渋谷区恵比寿南1-9-12 ピトレスクビル4F
電話　03-5773-0193　FAX　03-5773-0194
http://www.eijipress.co.jp/

出版プロデューサー　秋元麻希

スタッフ　原田涼子、鬼頭穣、高野達成、大西美穂、岩田大志
藤竹賢一郎、秋山仁奈子

装　幀　テラカワアキヒロ（Design Office TERRA）

印　刷　中央精版印刷株式会社

［検印廃止］ISBN978-4-86276-005-0　C0036